"十二五"普通高等教育本科国家级规划教材

U0289907

艺术设计学科基础教程

The Basic Courses of Art Design Discipline

形 态 认 知

RECOGNITION OF FORMS

任 戬 主 编

祝锡琨 杨滟君 副主编

任 戬 胡 阔 著

辽宁美术出版社

图书在版编目（CIP）数据

形态认知 ／ 任戬，胡阔著. —— 沈阳：辽宁美术出版
社，2014.4（2023.8重印）
（艺术设计学科基础教程）
ISBN 978-7-5314-5981-1

Ⅰ．①形…　Ⅱ．①任…　②胡…　Ⅲ．①包装设计
Ⅳ．①TB482

中国版本图书馆CIP数据核字（2014）第062024号

出 版 者：辽宁美术出版社
地　　址：沈阳市和平区民族北街29号　邮编：110001
发 行 者：辽宁美术出版社
印 刷 者：沈阳博雅润来印刷有限公司
开　　本：787mm×1092mm　1/16
印　　张：10.5
字　　数：120千字
出版时间：2014年5月第1版
印刷时间：2023年8月第8次印刷
责任编辑：苍晓东
封面设计：范文南　洪小冬　苍晓东
版式设计：苍晓东
技术编辑：鲁　浪
责任校对：李　昂
ISBN 978-7-5314-5981-1
定　　价：58.00元

邮购部电话：024-83833008
E-mail：lnmscbs@163.com
http://www.lnmscbs.com
图书如有印装质量问题请与出版部联系调换
出版部电话：024-23835227

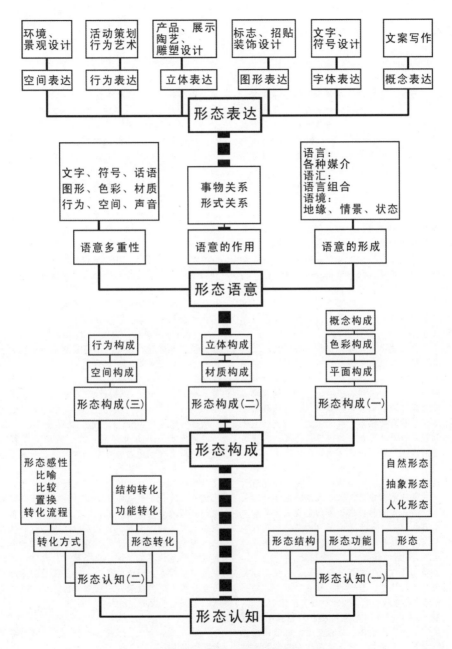

艺术设计学科基础体系树

总序

从19—20世纪，西方的科学革命和语言学革命，对西方现代艺术的变革和现代设计教育产生了历史性的影响。进入20世纪，中国的艺术教育和艺术设计教育在很大程度上，受到来于西方和苏联两个方向的影响，20世纪40年代末开始，中国的艺术设计教育引入了苏联的一些课程，至20世纪80年代，开始引入由德国包豪斯开创的平面构成、色彩构成、立体构成课程。

在特定的历史阶段里，中国的艺术设计教育通过引入各类课程，试图进行必要的变革，但是，却始终没有建立和完成中国艺术设计教育的学科基础。众所周知，一个成熟的专业不能没有完备的学科基础，缺少学科基础就缺少根基，缺少根基就不能成熟，有了学科基础才能保障本学科的生长与结果。正如普通数学、物理学、化学作为一些理工专业的学科基础，使每一个从事该领域实践和研究的人，了解和掌握了基本原理和方法。

从这个意义上说，进入21世纪后，在新的历史发展机遇面前，思考与践行中国艺术设计教育的学科基础成为势在必行的大事。尤其是在中国艺术设计教育如何变革的问题上，如何回答中国设计教育特色来源的问题，如何避免做表面文章的倾向，这一问题关系到中国艺术设计教育的根本。我们认为，对当代艺术基础教育和艺术设计基础教育的研究与思考，应该首先退出既定的模式，联系当代文化和未来发展，在当代历史境遇下，建立中国艺术设计的学科基础，将有利于艺术设计教育对人才的培养。如果说，现代设计教育重视人才掌握基本规范、基本方法、基本标准的基础，那么，当代设计教育应该更加重视人才具有自我组织和整合知识，自己生长的能力的基础，这样的人才更加具有可塑性和智慧，这样的基础和素质能够成为支撑人才成长和中国文化发展的基础。

为此。我们经过几年的思考与实践，从视觉经验出发，结合视觉心理学、语言学、社会学等，总结出一套适合当代文化语境的艺术设计教育方法体系。

我们提出以"形态"为认知对象，以语言学方法、社会学方法、中国整体思维为支干的基础课程体系。本次所编写的系列教材就是这项研究的成果。这一学科基础体系，由形态认知、形态构成、形态语意、形态表达四个部分构成。

1．"形态认知"强调学生学习艺术设计要从观察身边的形态开始，分析形态的结构与功能，综合以前所积累的知识，从自然、科学、人文、社会等各个角度，对自然形态、人化形态、抽象形态有一个认知度更高、更细致、更独到的理解。

2．"形态构成"在形态认知基础上，论述形态是由哪些系统要素构成的，以及各个要素之间的结构关系，从形态认知的角度来学习形态构成，有别于传统"三大构成"的不同之处在于，与个人实际经验的紧密联系。

3．"形态语意"在形态构成的基础上，论述语境和语言的关系，让每一个学生了解语言的意义是在人与世界的关系中建立的。如：同一种色彩，在不同的环境下观众会有不同的理解，这就是语境的作用，形态语意就是研究语言意义的变化。

4．"形态表达"是在形态语意的基础上，论述表达流程和表达的媒介。形态表达也是走向专业基础的一个接口，从系统设计的意义上说，表达过程包括概念的、图形的、立体的、行为的、空间的表达，这是一个完整的表达流程。如：表达"软"的概念，可以做一个"软"的平面、"软"的产品（立体）、"软"的建筑（空间）、"软"的雕塑等。

总之，从认知开始到构成，到语意，最后到表达，这就是我们的结构体系。这是我们研究艺术设计学科基础的一个思路和体系，这样一个生态式的互生互补的体系对以往机械科学观造就的教育观是一个巨大挑战，避免了以往许多艺术教育仅仅培养一种专门知识的专业人或"工人"的现象，而是促进了视觉知识与其他人类知识的联系。同时，这种体系的教育也避免了以前艺术设计教育中分科过细和各个学科无任何联系的现象，形成一个动态的整体，使大家具有碰撞、对话、交流的机会，这些异质因素相互交流将会产生良好的效果，从而培养出一个"开放型"的人，一个有"素质"的人。

大连工业大学艺术设计学院《艺术设计学科基础教程》编委会

2008年6月6日

目录

绪论

在艺术设计领域，目前基本上是以图形、图像的概念进行艺术、设计基础概念的称谓，这实际上反映了以下两个问题：

1. 我们的艺术设计基础意识还停留在样态与形式的范畴之中；

2. 视觉作为知识能量的意识不够，还停留在工艺美术的限制之下。这样势必会产生对样态和形式起支配作用的精神内容被隔离在外，造成内容与样态的分离及图形、图像的孤立与僵化。这反映在学生们上专业基础平面课程时，毫无意义地描着花样、花边而却忘记了它们的来源。

因此，我们感到艺术设计基础教育缺少一个重要环节，也是起点，那就是在观念上解决视觉形态的问题。本书以形态的概念取代图形、图像的概念，力图扩大艺术设计基础概念的视野，以适应当代艺术设计教育的需要。

形态是一个广泛的概念，在汉语词条中，形态为：①形状、神态、姿态。②指事物在一定条件下的表现形式。我们经常会说到"意识形态"、"解决意识形态问题"，实际上就是指"观念形态"，不同的观念形态形成了不同的事物。比如人类在20世纪冷战阶段所出现的社会主义和资本主义两大意识形态的对立就是不同观念形态导致的。我们还经常涉及"社会形态"、"经济形态"等等关于泛形态的概念，这些都构成了形态的潜在背景。对艺术设计来说也会涉及意识形态，因为创意来自观念、思维，什么样的想法，会做什么样的广告、设计什么样的产品、建什么样的楼房。这是艺术设计最根本的东西。

在开始本课程之前，我们首先要涉及这方面的内容，重要的是通过艺术设计方面来理解形态。

第一章

形态理解

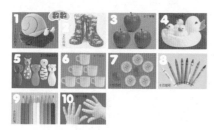

图1-1

图1-2

第一节 我们生活在形态之中

学习艺术设计，首先要从认识形态开始。在我们刚刚降生直至两三岁时，父母就教我们学数数1、2、3、4、5、6、7、8、9、10……（图1-1）听大灰狼与小白兔的故事……（图1-2）在幼儿园，阿姨手把手地教我们跳圈圈舞或玩各种游戏（图1-3）、涂涂画画（图1-4）、翻翻弄弄（图1-5）；刚刚上了小学，老师就教我们日、月、水、火、山、石、田、土……（图1-6）再长大一些，学习发音啊、喔、哦……我们由此看图识字，在日常生活中开始了形态的学习。

日常生活是形态的主要来源，我们的生活体验是重要的艺术设计源泉，感受和体验是最珍贵的，其他所学的只是补充的东西。个人的体验尤为重要，它决定了你的设计风格以及这一风格所产生的影响。

图1-3

图1-4

图1-5

图1-6

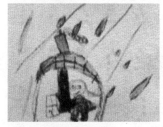

图1-7 儿童如何理解世界？一个4岁儿童画的，他用一些曲线画出房子。对一个孩子来说，圆圈代表立体的形象。

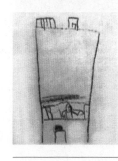

图1-8 是一个5岁儿童画的画，这座房子有棱有角，不再是圆圈的形象了。从圆形到菱形的形态变化说明了儿童形态认知能力的进步。随着年龄的增长，能认识到的形态变得越来越复杂。

①雷姆·库哈斯：1944年出生于荷兰鹿特丹，早年曾从事剧本创作并当过记者。1968-1972年转行学建筑，就读于伦敦一所颇具前卫意识的建筑学院Architecture Association。2008年建成的中央电视台CCTV新总部的设计者。库哈斯的建筑创作首先是现代主义的，然后以此为基础加入了造型上与社会意义中的若干内涵，并以此作为其建筑创作的显著特征。从深层次讲，库哈斯受到超现实主义艺术很深的影响，希望通过建筑来传达下意识，传达人类的各种思想动机。

所谓艺术设计大师就是在生活中有自己特殊的体验和独特的视角，这种体验反映在自己的设计作品当中，就形成了自己的风格。这种风格又被生活方式所接纳。一种生活方式接纳特殊的体验，就形成大家共同的需求。不同的时代有不同的需求方式，就产生了不同的大师。如果后现代建筑大师雷姆·库哈斯①生活在现代主义阶段就不会成为大师。原因在于库哈斯的特殊想法，符合后现代社会的思维方式。柯布西埃的设计成为现代主义的经典，如果柯布西埃在当代就失去了作用，因为他的方式是现代主义的。

生活形态是很重要的，所以大家在生活中体验的形态都是非常特殊的，这些体验决定我们未来的设计，是我们锐利思想的来源。

游戏是我们最早接触事物的方法。游戏的概念非常重要，因为，游戏的接触是无意识地接触，通过游戏我们可以得到自身感受。游戏是中介方式，它不同于意识形态。意识形态直接告诉我们这是什么，那是什么。而游戏是最直接的，是自然赋予我们识别事物形态的方式方法。自然在游戏当中，世界是游戏的布局，自然创造了不同的形态，人是这样的形态，狗是另一种形态。为什么要这样，这是自然创造的一种游戏，一个布局。如果世界上都是人也就没意义了，自然创造了苍蝇和人，人要打苍蝇，人还受到蚊子的叮咬，这是自然布置的一个游戏而已。这样通过游戏，产生发明创造，体验到自然的存在（图

图1-9 宫佳祺（4岁）小朋友的涂画

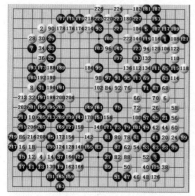

图1-10 中国围棋

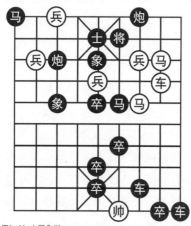

图1-11 中国象棋

1-7～1-9）。

所以游戏是非常重要的，我们一生下来就进入到游戏当中，如果那时你玩得不彻底的话，那么你对世界的认识、发现就慢，所以在儿童阶段，如果一直被关在房间里没有参与游戏，没有和自然形态接触，没有和同伴交流，就会在某方面产生欠缺，这一欠缺就可能成为日后成人世界生活的障碍，但有意思的是，这种孤僻的性格也可能是造就特殊天才的温床。

我们有不同的游戏方式，游戏的变更是时代的变更，我们现在的游戏大部分是可交互的。传统游戏中，围棋是交互游戏，围棋的方式是任意性的，混合性的（图1-10）。但在中国象棋中，"将"是不可变动的，大家围绕"将"来把守，这是东方意识形态的体现（图1-11）。西方的国际象棋，国王可以参加战斗，这就是东西方不同的思维意识所形成的结果。中国象棋由等级来控制，西方国际象棋的走法开放、自由（图1-12）。大家可以通过这些方面理解意识形态的不同。

传统的叙事也是意识形态的，叙事的变化是不一样的，我们在做电影或短片时，就会涉及叙事的变化。例如传统的大灰狼和小白兔的故事，它的叙事就是要认定一个敌人，一个保护者，或者羊和狼这样一对对立概念。当代不同了，狼和羊共同游戏（图1-13），这样的叙事是搞笑的，娱乐的。以周星驰电影为代表的一种文化，没有敌友和好坏之分，游戏使他们发生交互，不再是对立的。这种意识形态的变化，反映在不同时代

图1-12 国际象棋

图1-13

图1-14

的叙事、游戏、寓言或神话中。《圣经》是西方的元叙事，《易经》是东方的元叙事。

我们在儿童阶段，对世界的理解是最直接的，这与早期人类对世界的理解是一样的。我们小时候都有过看图识字的经历，我们对文字的识别是通过图形。我们首先认识的是图形的"形"，通过对形象的识别而懂得这个图形的"意"，也就是文字。所以我们早期对文字的书写一般都不是写字而是画字。如古埃及的象形文字及两河流域的楔形文字还有中国的甲骨文。甲骨文是在龟甲或牛肩胛骨上刻划的符号，是一种正在形成中的汉文字，是早期人类文明发展阶段中有普遍性意义的象形文字。在造字法上，甲骨文已经具备了象形、指事、会意等特征。

甲骨文与古巴比伦文字、古埃及文字一起被称为世界上最古老的文字（图1-14～1-17）。人们通过刻划在龟甲上的痕迹完成了对一些事物最初认知的记录，然后把这种认知转化为经验，使得人们在头脑中形成对某种事物的一个概念，当再一次见到时就可以很快识别出来。因此我们说，人认识世界是从对图形的认知开始的。

我们生活在一个认知世界之后所形成的一套网络知识系统之中。当代社会需要回到一种发生状态，需要创造新的文化。如今的电影有很多均是在预示着这些东西。我们的现代文字在变化，我们的表达在变化。比如，我们现在使用的"火星文"，我们发信息不再是用以前的符号而是使用了新的符号。我们的文字将发生新的变化，如仓颉造字一样，创造人类新的共同的符号系统。

图1-15

图1-16

图1-17

英文是西方意识形态所产生的一套符号系统。东方人发现使用的符号系统是象形系统，是整体感觉系统。西方文字是抽象系统，是经过了理性提升的概念符号。英文字母也需要靠形象识别，如果将A、B、C、D、E、F以抽象的意识形态的形式教给你的话，就会很麻烦，也许回到朴素的形态认知更容易被识别（图1-18）。

中国文字的形成，是以日、月、水、火，山、石、田、土等这些对于我们来说最直接感受的事物开始的，这是最初的视觉识别，要告诉你一套意识形态，它要告诉你这样写是太阳，那样写是田、土……

但是，在实际生活中，只有我们亲自触摸田地，看到太阳的光芒，才是你第一印象的田地和太阳的形态，以后别人教给我们的只是"意识形态"。所以，后现代社会的解构主义思想，就是将教给我们的这套意识形态剥离开，回到触摸土地，看到日出的那一印象中。如艺术史上的印象派重新把色彩与形态从古典主义的意识形态中分离出来。这时的东西是原创性的，我们最初都是靠这样的直观来理解形态的。

我们看图识字是最初的文字形态识别阶段，所以，图像的力量在当今社会有着特殊作用。我们处在一个富于变化的时代。人类的历史长期处于文字统治之下，文字是一套完整的意识形态系统，具有明确的意义；图像具有开放性的特点，它告诉你更多未知的、模糊的和更广泛领域的信息。图像还具有创造性的特点，因此，当代艺术文化能具有创造性与此息息相关。

图1-18 通过看图识字使文字记忆变得容易起来。儿童降生之后被数字、符号、图表、实物包围，这些形态在我们脑海中打上最初的知识的烙印。

第二节 认识、发现、理解世界中的形态

认识和发现形态就涉及要如何分析形态。我们都在感知形态，但这种感知是一个不断认识的过程。认识和发现形态的过程就是人类历史发展的基本过程。从早期的原始人到我们当代人，不断地认识形态，不断地抽象而形成了我们现在的形态。

人类史就是不断发现形态、抽象形态、创造形态的历史。我们现在所有使用的基本物品，例如计算机的发明创造就是在这一形态基础上完成的，不可能在原始时代就出现计算机，必须要经过人类漫长的发现、理解世界形态这样一个认识的过程。

在人类早期，东西方人都要通过对形态的观察、理解形成对世界的认识。《圣经》开篇就提出"开天辟地，有光、有水，七天创造万物"。中国的"近取诸身，远取诸物，观其象，作八卦"，八卦来自形象的显现。古时黄河出现背上有图形的龙马，洛水出现背上有图形的神龟，这些祥兆使伏羲依"河图"（图1-19）画出八卦，大禹依"洛书"（图1-20）制订"九畴"。

中国在认知形态时"观其象，作八卦"。"象"就是形态，乌龟背上的图像对应性非常强，菱形结构非常明确，人们通过观察龟背上的图像来体悟自然造物的结构与方法（图1-21）。所以八卦就是东方人认知世界的网络图，是对世界网络的抽象化，因此我们说八卦是一个最大的视觉感应场。它将世界的变化以及人的变化用金、木、水、火、土组织出了一个结构系统。西方人波尔从物理学的原子论认识到了《易经》的作用和八卦的微妙之处。八卦的产生是先人的抽象，在原始阶段人们的抽象能力很强，创造出了许多抽象的复合图像。如河图、洛书等都是基本的图式。九宫格(图1-22)是一种基本模式（我们玩的魔方就是九宫格的构造），它可以无限地变化，向四面八方开放，每个方位加起来都是十五。

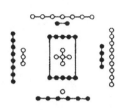

图1-19 河图

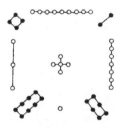

图1-20 洛书

图1-21 龟背

4	9	2
3	5	7
8	1	6

图1-22 九宫格

从视觉现象上来说，东方最后的抽象是一条S形曲线，而西方则是一条直线，这是东西方给人类创造出来的两个最主要的贡献。直线形成十字，是对世界全方位的把握，即表示天与地，时间与空间。竖代表空间，横代表时间，世界万物就是由空间和时间构成的，即时空观。东方的概念则不同，时空是颠倒的、曲线的、混合的和互动的(图1-23、1-24)。

直线和曲线是形态的最基本的方式。以后很多的设计都是围绕这两点来进行的。西方基本上是在直线的基础上进行艺术创作与设计的，而东方则均是基于曲线上的，无论是衣食住行还是交往方式无不体现出曲线的概念。直线与曲线的基础形态的提取，构成了东西方两大人群的形态基础。

元形象的"元"是根本性的东西，所以有一元一次方程、一元二次方程，数学就是一个抽象。科学家的分形理论，就是用科学方式来对形体作一个陈述。如要回到几何方程，会理解更多的东西，但我们的艺术很少触及这些，如果能够很合理的结合就会加深艺术对科学的作用，同时，科学也会反作用于艺术。因此说，目前艺术和科学分开得太大，一旦综合就会有很大的作用。

九宫格的每个方向相加为15，还有费博那奇数比、勾股定理、黄金分割比（图1-25、1-26）等均说明自然创造世界万物的形态都有它的规则。

图1-23 太极图　阴阳、天地、变化，东方元形象

图1-24 十字架　分析、逻辑、固定，西方元形象

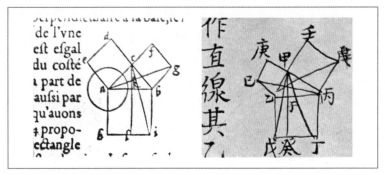

图1-25 勾股定理

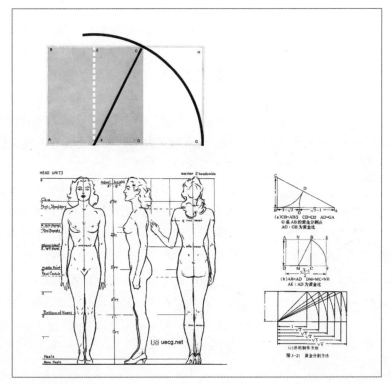

图1-26 黄金分割比

将一条线段分成两部分，使其中一部分与全长的比等于另一部分与这部分的比，这个比值为(√5-1)/2=0.618，称其为黄金比。这种线段的分割称为黄金分割，它有着悠久的历史，广泛地存在于大千世界。黄金比也可以称为黄金分割，可用0.618034∶0.381965来表示，但人们多把它简称为0.618。在植物世界，许多植物都体现出平鸥指原理。例如：雏菊花冠内的小花、向日葵果盘内的种子、蔷薇花的片片花瓣等等，都是以137.50776度围绕中心排列的；梨树主干上的新枝也都是转过137.507度，才抽出一枝又一枝来。植物为什么会不谋而合地呈现黄金分割现象呢？它们都是为了最大限度地接受阳光的照射，保留宽敞的空间进行呼吸，更有利于接受雨露的滋润。能更好地生长结实，繁衍后代。

艺术设计发现规则后把它变成一种方法，很多大师就是利用这些规则作为他的设计概念。这就是艺术设计创意的"元"点，如果没有发现就不能成为"大师"，因为你没有找到世界的原点。

"原点"在西方叫做"元素"（古希腊的四元素说），在中国则不叫做"元素"，而称之为"行"（中国的五行说）（图1-27）。这个概念非常有用，会在后面的章节中论述。

"行"是动态的，有人的因素在里边，而"元素"则是静态的、物质的、具体的和原子论的。在中国，人们认知事物大多不用原子论、不用具体事物的形态语言、元素和原子论的方法，而更多采用的是"形"和"势"。"形势"和西方的"形式"是有区别的。"形势"是动态的，与太极变化有关和相对应的。大多数东方人认知事物具有不确定性，形态也是不确定的，不是一一对应的，而是一对多的，我们经常用一对多的概念，因为它不是被固定在某一个方面。例如，在中国吃饭就是个复杂的事情，饭馆不仅仅是吃饭的地方，还是交易场所。但在西方则不然，吃饭就是吃饭，交易场所就是交易场所。

因此说中国很多事物都具有混合性，被称为"中庸"，所以在中国发明并形成了这样一种中庸方式，"形"和"势"，均来自"易"，其核心就是一种变化。

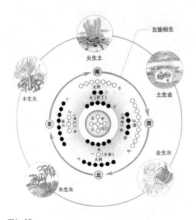

图1-27

②安藤忠雄：日本建筑大师，1941年生于日本大阪，1969年在大阪成立安藤忠雄建筑研究所，其设计包括大规模的公共建筑到小型的个人住宅作品，多次得到日本建筑学会的肯定。此后安藤确立了自己以清水混凝土和几何形状为主的个人风格，也得到世界的良好评价。1980年在关西周边设计了许多商业设施、寺庙、教会等。代表作品光的教堂。

③扎哈·哈迪德：英籍女建筑师，1950年出生于巴格达，1972年进入英国伦敦的建筑学会学习。毕业后在伦敦创办自己的事务所。哈迪德的设计一向以大胆的造型出名，被称为建筑界的"解构主义大师"。这一光环主要源于她独特的创作方式。她的作品看似平凡，却大胆运用空间和几何结构，反映出都市建筑繁复的特质。

图1-28 安藤忠雄作品

图1-29 哈迪德作品

图1-30 三宅一生作品

这种方式如果我们现在能合理运用，便会产生创造，例如日本的建筑大师安藤忠雄②，还有英国的哈迪德③，他们都使用了东方这样的一个思想来做设计，深受西方人的崇拜，这是因为西方人没有认识到这种思想的缘故（图1-28、1-29）。

矶崎新④的建筑，三宅一生⑤的服装（图1-30），以及日本导演黑泽明的电影对西方均产生了深刻影响，因为他们所采用的方式方法均是受到了东方思想的影响，即东方的一种概念系统。这套系统在当代进入到西方会具有特殊贡献。关于这方面，我们可以结合专业进行研究。比如媒体专业的学生可以参照河图、洛书的思维方式，构造一套软件游戏，因为它的结构方式就是一套网络。

河图、洛书其结构方式就是东方的思维方式的网络系统，这套网络可以用它来构造一个故事，做一个短片，利用河图的这种结构作为故事的构成方式。这个故事肯定不是线性的，它是非线性的一种方式，如王家卫的电影《2046》，或者《重庆森林》，就是运用了东方的一种混合因素，时间、地点、人物都不明确。李安导演的电影中，表演的形态都是缥缈性的东西。张艺谋导演的《英雄》，形态交代则是混合的。与中国画表现一样，是缥缈的方式，强调"气韵生动"，"似与不似"，特别强调"形"和"势"这样的一种方式，逐渐形成"势"与"行"这样一套完整

④矶崎新：著名的日本建筑师，1931年出生在日本大分市。1963年，他创立了矶崎新设计室，自此成为几十年来活跃在国际建筑界的大师。矶崎新运用简单的几何模式营造出结构清晰的系统和高水准的建筑技术，他常将立方体和格子体融入现代时尚之中。

⑤三宅一生：日本设计师，1935年出生在日本。他的时装一直以无结构模式进行设计，摆脱了西方传统的造型模式，而以深向的反思维进行创意。掰开、揉碎，再组合，形成惊人奇突的构造，同时又具有宽泛、雍容的内涵。三宅一生品牌的作品看似无形，却疏而不散。正是这种玄奥的东方文化的抒发，赋予作品神奇魅力。

系统。而西方电影则非常明确，非常逻辑和量化。西方的艺术不可能"气韵生动"，因为它要一笔笔地塑造，画油画就要一点点地塑造，非常量化和具有逻辑性，因此才能形成逻辑方式。

中国在先秦时代就已产生的这样一套方式，形成了中国传统背后的意识形态，并支配着传统。样态的背后是意识形态，样态是意识形态的一个表面化。所以，当下我们大部分的学生学习传统均是基于表面化了的符号基础上的，是在样态形式上的学习，这样便导致所学到的只是一些表面的东西，换句话说是传统的表面。如果渗透到传统背后的意识形态中去探索，那就会产生不一样的结果。我们现在所强调的传统符号，如中国元素等等，实际上只是在表面元素上做文章而已，缺少背后深层次的东西，那是皮毛，不会发生当代性的转换。中国的文化艺术是东方文化艺术的主要组成部分，东方文化主要是指中国的黄土高原和中国的两河流域（黄河、长江）所产生的意识形态，另外还包括印度、中亚、西亚等地区，这些构成了东方文明。

可以发现，当代的各个专业的设计师，如日本、印度、伊拉克、中国的设计师都具有东方的思想，其设计均体现出东方最早的意识形态。这一意识形态决定了他的创造和西方创造的不同，即与地中海文明所产生的意识形态不同。我们只有了解这些才能理解形态在使用中的变化，东方人使用形态都是相通的，但东方使用的形态拿到西方去使用就要发生变化。除了共通性之外，还有特殊性，皆因意识形态不同。而产生的不同方式方法，在这里我们对此只作一个初步的了解，在这门课程中更重要的是让大家理解形态的结构和功能。形态的结构和功能是破译世界和创造事物的基本方法，无论科学和艺术都离不开对结构和功能的分析，只是艺术更感性化，科学把结构和功能更定量化而已（图1-31~1-39）。

图1-32

图1-33

图1-32 《彩陶盆绘舞蹈纹》绘于陶盆上的舞蹈人和儿童画的形态近似，这种一致性为形态的发生提供了佐证。

图1-33 《五鱼纹彩陶盆》鱼是先民赖以生存的主要食物来源，把它绘于陶碗上祈求"年年有余"的生活理念。

图1-34 《受伤的野牛》牛也是先民赖以生存的主要食物来源，把它绘于栖身的洞窟石壁上铭记食物目标。

图1-35 《洛塞尔的维纳斯》母性孕育生命，繁殖后代。此图所雕刻的母性形态是生殖崇拜的象征。

图1-36 《非洲史前岩画》

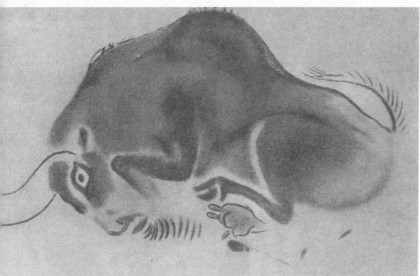

图1-34

图1-35

图1-36

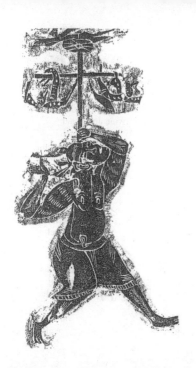

图1-37

图1-38

图1-37 《汉代画像砖》从原始社会进入农业社会之后，原来的渔猎生活转变为农耕、市井生活。中国汉代画像砖中的形态反映了当时社会生活的各种视角。

图1-38 《部落图腾》图腾作为原始部落的集体意识形态同样反映了现代社会的国家意识形态。

图1-39 绘于石壁上的原始人狩猎生活场景真实记录了当时的状态，与世界各地原始壁画一样为后人研究原始社会生活留下了丰富的形态资料。

图1-39

第三节 人类早期的形态理解

图1-40 嫦娥奔月

图1-41 女娲造人

小时候，我们观望天空，满天星斗，要找出某某星座。当原始人也怀着这样的心情时，就渐渐地产生了星座，猎户座、人马座、牛郎星、织女星等星座及二十八星宿，并赋予了形态，如猎户座的大四边形、北斗的勺子形、人马座的S形等。中国神话传说中月亮上的桂树、桂花酒、玉兔、月老等都被赋予了生动的形态。如"嫦娥奔月"的美好传说表现了中国人的形态想象力（图1-40），而"女娲捏泥造人"则更形象地说明了中国人对万物之灵的人类形态来源的想象（图1-41）。

当西方人"男人的一半是女人"，亚当以一条肋骨造了夏娃，吃智慧果分辨出形态（图1-42）。造物主给万物的构造、功能就产生了各种各样的形态，人类通过认识形态而产生文化、艺术、科学。在三维世界中，一切客体都具有形态，即使摸不着的气体、看不见的粒子也是如此。

我们对天空和地面的发现是两个重大发现。通过对天空的发现我们找到了定位点，找到了天体图，落实到星位。因此我们发现北斗七星指向的定位是天空的一个定点。我们想象，如果在一个陌生的地方，若是没有这个定位点的话，你会感到非常不安全，是无法生存的。

图1-42 亚当、夏娃吃智慧果

图1-43 十二属相

图1-44 范宽溪山行旅图

人类最初对天空的定位就指明了它的方向、坐标，例如北斗七星有指示方向的作用，并赋予它一种形象：猎户、天蝎等。而且把人的属性也冠以十二生肖形态。

用形态赋予未知的、混沌的事物，是方便人类生存的方法，当形态被赋予情感的时候你才能明确地定位。最早人类做的事情就是定位天和地，所以产生了很多神话传说就是这样的意识结果。"牛郎织女"的传说是东方最早叙事的一个根源，它来说明永远不可及的观望状态：牛郎和织女始终不能团聚，只能遥遥相望。这可能是东方人触及未知的一个终极状态。

因此，东方的故事许多都是悲剧，《二泉映月》、《牛郎织女》、《梁山伯与祝英台》，它始终是这一意识的一个延续。我们单从世俗的角度来看，他们是痛苦和悲哀的。抛开这个层面，从东方的最早叙事源头来看，应该是对未知的一种触及。在西方虽然有《罗密欧与朱丽叶》，但对未知的终极状态上，它是非常确定的东西。中国这种牛郎和织女是永远交结不到一起的，只能是在七月七那天见一面，这均是模糊性的东西。所以这种意识是东方叙事的一个原点，它永远围绕着这个叙事来进行，我们很多电影故事及后来所产生的《阿炳》等等，包括身边的事物全是模糊性的，甚至是见不到的东西，在声音上、图像上都显现这个特点。代表中国艺术的山水画，它的一草一木都是在缥缈当中，不可触及，不可确定（图1-43～1-46）。

北斗七星的形态与日常生活中的勺子形态的结构相似。

图1-45 人类肉眼所见到的天空中的点点星斗，被赋予了人们熟悉的生物形状——龙、蛇、狮、牛、海豚、船、武士、猎人……而加以命名，是原始人最初的形态尝试。

图1-46

图1-47 太阳系中的一员——地球形态

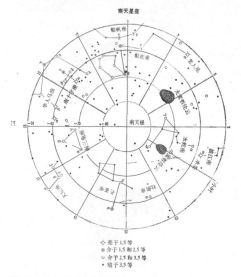

图1-48 东方人对宇宙星空的形态化——星座

西方属于是另一种发现，宇宙的不断发现归功于科学。从哥白尼到伽利略、牛顿，再到爱因斯坦，这些都是西方在科学发现领域内重要的革命性的人物。西方人逐渐对世界的触及、对九大行星的存在和太阳与地球这种关系的认识，这是人类用形态来对应模糊的东西，使其明确化。因为星空是模糊的，但是人类要赋予其形态，赋予形态的过程是人类进步的一个"冲动"的过程，要把所有东西都赋予形态。

为什么要画图像画草图，这也是对宇宙赋予形态的延续。比如你要去找一个地方，什么方法最有效？可以告诉你门牌号码，但不如给你画张图更容易找到，这就是一个定位的方式。门牌号码可以提示你，但门牌号码不如图像，图像给你的是一种方位，而号码给你的却是一种概念。比较这两种方式，号码告诉你的是概念但不明确，画的是图像但最明确。因此说人类要将所有的事物赋予图像，对未知进行定位，确定一种表达方式。表达就是要找到一个目标的基本程序。

人类在这一发展阶段完成了诸多发现，其中包括星空图。这个图的完成旨在定位天空，世界就是这样的一个形态。所以说人类从原始世界到当代世界逐渐发展起的文明，就是对世界形态的一个发现和定位的过程。

动物没有这种发现和定位的能力，所以动物界没有形成一套抽象系统，人类却通过抽象这一过程，完成了抽象系统。

我们如何对事物进行抽象？这是我们这节课所要完成的。人类对天空的抽象是基本的认识，当然也有未知的认识。比如不断地在发现其他的星系。所以我们把北斗七星的排列结构赋

图1-49 西方人对宇宙星空的形态化——星座

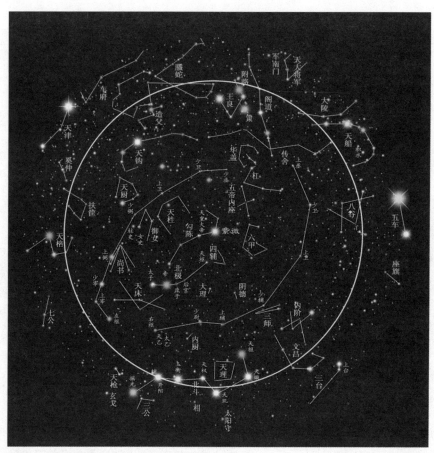

图1-50

予它勺子的形态，我们一旦认识到北斗七星像勺子形态，那么你就会识别它。假如你不说它像勺子，那你就看不到北斗七星，就难以识别。所以说形态是一个认识事物最准确、最快捷的方式方法，这也就是形态的功能（图1-47~1-50）。

第二章
形态分类

第一节　形态的概念

在我们的艺术设计创作中，经常使用图形、形状、形象等称谓，而这些称谓都属于形态概念的范畴。

形态：形态是由形象和状态构成。

形象：形象包含两个方面即静态形象和动态形象。

1.静态形象：平面的图形，立体的形状。

2.动态形象：空间中运动的物体。

状态：形状包含事物状态、意识状态和心理状态。

事物除了自身独立存在之外，也在不断地发生着变化，这种情况就是事物的状态。比如说，人一生的不同时期和阶段以及生老病死；植物在春夏秋冬的不同状态等。人会随着不同阶段的变化，意识随之改变，这是意识形态，这些意识形态的变化影响人的心理，形成心理状态。比如说：春天的来临，春暖花开，人的心理比较愉快；当秋天来临时，人的心理随着寒风凉雨的侵袭，产生悲哀和伤感。

我们来看具体的形态：

在我们生活中，比如在儿童阶段，这一阶段是我们储集形态最重要的时期。我们一生下来就会发出"哇……哇……"的叫声，世界各地的孩子对妈妈、爸爸的称呼声都是非常接近的，这是人类发出的第一声。刚出生时我们看不见光，但却能感受到光的存在。我们发出一种声音后，才睁开眼睛触及世界。所以说，声音是第一性的，眼睛的观看，即视觉是第二性的。更确切地说，我们在母亲的子宫里最初的感受是触觉和声音（图2-1），所以我们生下来以后，母亲要抚摸、拥抱我们（图2-2）。触觉涉及材质，材质是触觉的主要媒介，以后我们还要学习材质的课程。

图2-1 ▶

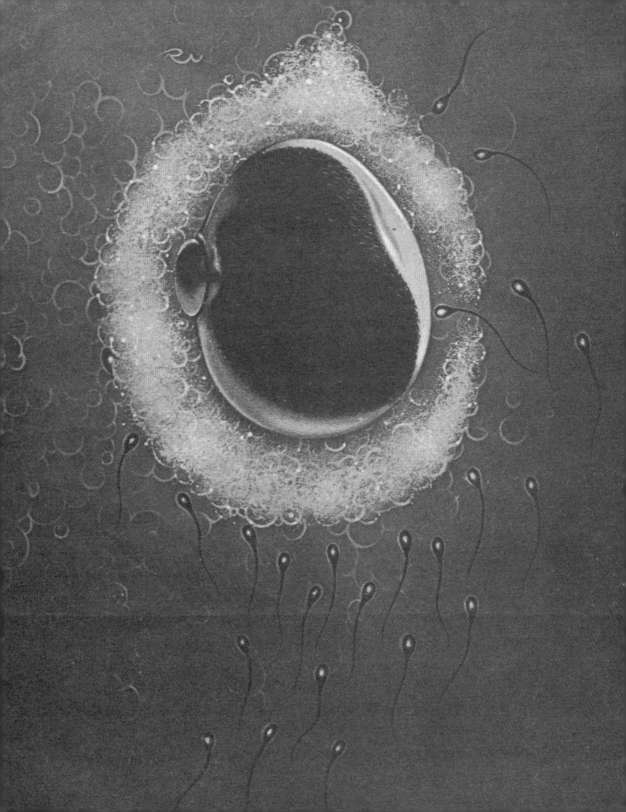

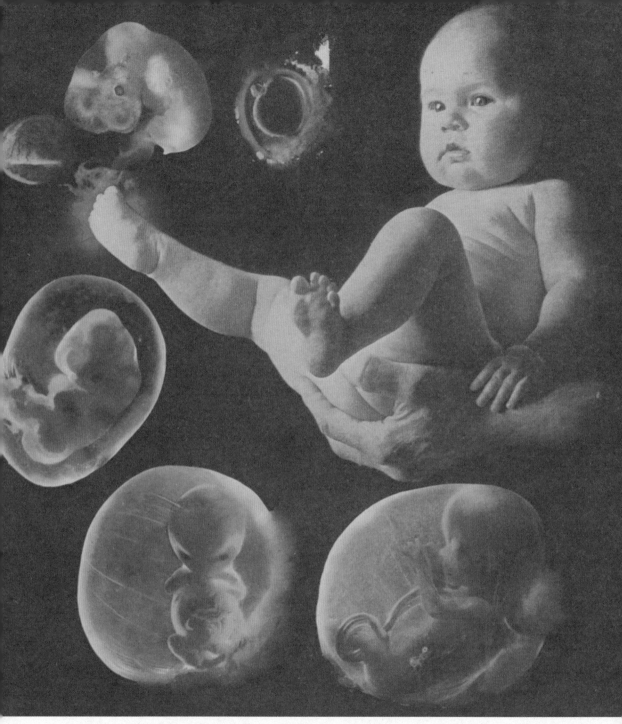

图2-2 从一个受精卵发育成为一个新个体，要经历一系列非常复杂的形态变化。卵细胞受精以后即开始分裂、发育，形成胚胎。先形成的胚胎为桑葚胚，然后形成囊胚，并且植入在子宫内膜中，吸取母体的营养，继续发育成人体的所有组织和器官。

图2-3

图2-4

图2-5 皇帝的新装

图形、材质、色彩和声音这些均是艺术的表达媒介，这些媒介在我们的本能上就有所体现。

以形态来识别世界，涉及生活中的各个方面，运用形态去认识，你会发现，有很多事物是我们从前没有涉猎到的，是非常有特殊性的。这方面我们都有所体验。我们更多的是用视觉的方式来认识事物，而不是用概念的方式。理工科的学习往往是用概念方式，它是靠文字系统来识别的。而我们是靠眼睛识别，你看到什么就是什么。

西方童话《皇帝的新装》（图2-3~2-5）讲了一个有趣的故事，儿童看到的是真实形态，而我们成人明明看见皇帝没穿衣服，却以为是自己看错了，这是因为意识形态的作用，导致我们眼睛的遮蔽，认为皇帝不能光屁股；但儿童看他就是光屁股。所以《皇帝的新装》的寓意说明那些成人都戴着"意识形态"的有色眼镜去看皇帝，认为皇帝不可能光屁股。皇帝以为自己的大臣不能欺骗自己，但在儿童看来就是光着，说明儿童没受到意识形态的污染，他的眼光是纯真的，因此也是真实的。

所以我们要回到这个状态，回到儿童看到皇帝没穿衣服的那个状态。但是，我们现在看所有的东西都是"皇帝的新装"，我们已经被交给了"皇帝的新装"，那就是你看灯就是灯，看电脑就是电脑，你为什么不能看到灯是另一种东西，看电脑是一个"生物"，或者为什么不能重新发现电脑是一种双栖的生物，这个生物是可以和世界连接的，它有列祖列宗、兄弟姐妹，它们有286、586、奔腾Ⅲ，它们构成一个生态世界。它们的世界是不受人控制的，反过来人却在被"他们"控制着，它们也不是为人干活的，是与人交互的。

我们过去都被赋予了"皇帝的新装"，所以我们要回到真实地发现这个形态的状态中，这一发现需要我们重新对当代世界做出判断，否则我们就很难判断当代世界。当代世界的变化

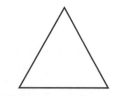
图2-6

图2-7 埃及金字塔

图2-8 贝聿铭金字塔建筑

图2-9 熊瞎子掰苞米

图2-10 大黑石村的钟

需要重新发现，重新认识，这要求我们要创造一个基础，要回到这样一个意识基础。这是形态理解的一个方面，在这种理解上我们对形态进行划分，因为形态所包括的内容非常多，所以需要我们将它整合起来。《易经》就是整合了世界的一个形态，但它太大了。我们要对形态进行一个基本的划分，一个我们非常容易认识的划分。例如平面的划分，我们称之为一种图形；立体的划分，是对形状和动态的划分。从这方面来说，所有的艺术与设计专业就是围绕这几个形态进行研究的。例如，视觉传达是以研究平面为主，油画、国画、版画也是平面；雕塑、产品设计、空间设计、建筑设计是以立体为主，动态的和人活动有关，它更复杂。学经济要学人际交往，人际交往是动态的，行为空间构成就与此有关，要解决运动的形态。一个人行为的组织和构成不同于平面构成，它更具有动态量，它加进了时间和人行为的参与，所以它的构成行为方式会有变动。我们的专业系统基本是围绕这些方面，这些是对世界形态所触及的几个方面。

当我们做一个总体划分时，会涉及三个方面。从自然形态到抽象形态再到人化形态。

事物是自然的，概念是人提取的，人工创造是概念的一个演化和延伸。当我们从自然形态中提取一个三角形的时候，就可以按照三角形做出设计，如金字塔（图2-6～2-8）；当看到蜜蜂眼睛的形状，把它提取出来变成网络结构，我们就可以再造一个蜜蜂眼睛的照相机或建筑。由此可见，抽象过程非常重要，抽象是导致创造的一个基本模式，人通过抽象才能转化为一种人化形态，没有抽象的过程就无法转化。抽象是促使科学家有新发现的一个基本能力。在古代，农民每天干农活，木匠每天刨木头，如果他们没有发明创造，是因为他们没有抽象，所以说抽象以后才能衍生创造。如果像熊瞎子成天掰苞米，掰一个扔一个，永远只剩一个而已（图2-9），这均因为它没有抽象能力，如果它能想到对苞米的积累，可以量化，量化以后发明了十个手臂，能抓十个苞米。十个手臂

图2-11

图2-12

图2-13

图2-14

就是人的延伸，十个手臂可以相当于发明一个筐，筐可以装十个苞米，那它只要手拎个筐就可以掰十个苞米。熊瞎子不能有这样的发现，而人却不同。所以麦克卢汉把工具的创造叫做"人的延伸"，延伸出无数为我们所使用的工具，即"媒介的延伸"，是人五官的延伸，四肢的延伸，思维的延伸等等。早期农村敲的钟（图2-10），就是喉咙和耳朵的延伸，即是声音的延伸，你喊"鬼子来了"，大家都明白是什么意思，但是只要一敲钟就知道鬼子进庄了。

综上所述，说明抽象的形态非常重要，人类学会了抽象才会有知识有文化，不会抽象就没有知识和文化。所以我们看高级形态是图片、符号式的，初级形态是身体比划式的。高级形态是概念，符号式的，原始形态是靠比划和一一对应的。

人、植物、动物、有机或无机物这些都是自然创造的原初的形态，即最初的意识形态，其中也包括人。但是在这些自然形态当中人脱离了出来，人创造了人化形态，人是新的造物主。"人是上帝的羔羊"这一概念，到如今，人创造了克隆羊、克隆牛，这些是人重新创造的，人创造了新的羔羊。人变成万物之灵，人从环境当中脱离出来，这样人才能创造。人从四肢着地变成两脚着地，两脚着地以后尾巴就没有作用了，尾巴就要被去掉，所以人没有了尾巴。人没有尾巴是人脱离自然的一个标志，按照自然造物的概念，人应该和其他动物一样有头有尾的，但人光有头没有尾，违背了自然造物的概念。人把尾巴去掉以后就独立了，所以，人能够统治世界，再造世界，人脱离了自然形态的链环。

现在我们所使用的物品全都是人造的，人通过人的环节再造了一个世界，人造的世界替代自然的世界，人造物与自然物相对应，一个甲壳虫对应一辆大众汽车，一片树叶对应一艘船，一只蜻蜓对应一架直升机，一株蒲公英对应一座建筑等等。人把抽象形态变成一个新的系统，通过人把自然事物系统变成人造事物系统，形态就是这样转化的（图2-11～2-14）。

形态无论怎样存在差异，但它是有根本的，差异仅仅是一个过程，比如猪、羊、鹅、狗、鸡等，在几个月之前都是一样的。庄子的齐物论认为物的平等性，即一棵植物、一头猪，还有一块石头，在自然没有划分万物的时候是一样的。但是它们通过阶段的生长，开始有区分之后，形态产生了变异。为什么我们能认识到事物的根本，就是因为它是由一个东西创造。后来宇宙大爆炸逐渐延伸，变得越来越复杂。但是往回溯的时候它是根本。世界万物是一致的，能认识到事物的根本，就是因为它是由一个东西所制的（图2-15）。因此，从一个专业的学习就可以认知到世界的一切事物。这张图是科学的，我们可以把很多科学的东西移植过来，从中我们可以看到一些其他的方面。生物学家只能看到某一方面是思维没有开放，我们面对物理现象时要开放思维，把它变成情理的。把物理变成情理，这一方法很重要，大家一定会把物象看成形象，把物态看成情态，实际上艺术设计的过程就是把事物情态化的过程。

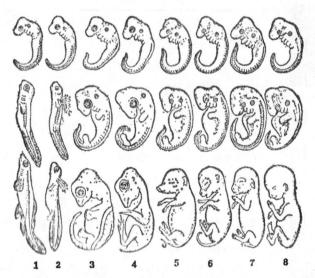

图2-15 如果说，人与生物的普遍联系是一种空间结构的全息现象，那么人的胚胎发育中的生物重演律则是对全部生物系统进化历史时间序列的全息再现。人的胚胎发育的某一阶段的形态结构总是与生物某一类动物具有相似的。人的胚胎形成后与某些脊椎动物相比在发育初期形态是相似的，最后开始分野，早期像鱼，继而像爬行类，哺乳类，最后才像人，显示差异化特征。动物和植物之间也有相似之处，在胚胎阶段很相似。生命形态发生的相似性说明生命形态的原发基础，这一基础为形态的作用和转化起到根本的保证。

第二节　形态的划分

一、自然形态

　　宇宙和大自然中一切具体而实际存在的物象：①星球、银河、太空。②动物（人、动物、昆虫、鱼、鸟）。植物（树、草、木、叶、根、花、果）。无机物（石头、化石、矿石）。③气态（气）、液态（水）、固态（冰）、风、火、雷、电、沙漠、土地、草原、太空、冰花等（图2-16～2-18）。

　　我们要认识到，最初除了我们自身的感受外，父母还要帮助我们去认知，人类的集体无意识也会帮助我们与自然接触，就是接触大自然中的不同自然形态。所以我们在看一朵花，观察一个蝌蚪，玩一只甲虫的过程中，就是在认知世界。这些都是与自然形态接触的过程。当你用一个草棍捅甲虫时，甲虫会反抗，甲虫用长在头部的钳子来夹，钳子的开合帮助我们认知到一条直线和一个包裹的关系（进与退、开与合）（图2-19、2-20）。夹子在夹小棍过程中完成了一个事物的交接，这就是一个事物的产生过程，完成一个结果。一个事物通过双向交接，才能完成一个结果，一个设计也是这样，是一个集结。一个设想对应一个适合的需要的时候，这个设计就产生了结果，创意就是这样产生的。

图2-16

图2-17

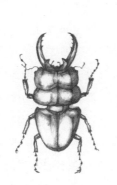

图2-18

图2-19　　　　　　　　　　　　　　　图2-20

图2-21

图2-22

图2-23

大家所接触到的自然形态都是我们设计的基础。所以，我们要回到这种质朴的自己积累的经验当中，在无意识之中生活，游戏中把所积累的对自然形态的认知发挥出来，变成我们设计的动力。这些均是基本的东西，入学前我们所学的色彩、素描等课程仅仅只是其中的一部分。这个基础的开启就是我们创造的开启，就是我们创造世界的开启。我们不仅仅只限于学习一个专业，对某一个专业的学习只是一个辅助的手段，而不是创造的根源。

大家看到的这些都是自然形态，我们会逐渐分析这些形态。为什么北极光或闪电呈现这样的形态（图2-21），山川河流沙漠有怎样的结构而不是混乱的，这些都是我们要逐渐认识的。还有为什么在佛教当中把莲花当成一个最重要的物件，因为莲花出淤泥而不染，根是在污泥当中，上面却开着漂亮的花朵，它连接了两个境界（图2-22），这一结构正好与佛教当中所说的尘世与圣世的上与下的境界相对应。

这就说明我们在生活中为什么要这样比喻。比如说一个人像冬虫夏草，就是因为它埋在土里是虫子，夏天又长成草，它可以变化（图2-23）。说冬虫夏草有巨大能量，原因是虫子死后，细菌把虫子腐蚀了，夏天的时候菌类长出来成为草，它从一个形态转换为另一个形态。从中大家还可以理解为什么在梁祝的故事中要有"化蝶"，就是因为蝴蝶的成长有虫子爬行阶段和蝶蛹的固定阶段，最后到蝴蝶的飞翔阶段，其表达了人对束缚的反抗，变成自

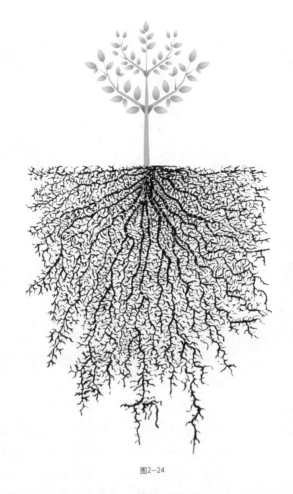

图2-24

由，两者具有同构性。所以大家可以发现，所有的艺术文化现象都是在同构中进行的，它借助自然创造万物形态的基本过程来进行一套同构的方式。同构是一个最根本的东西，它把物理的变成情理的，这在第三章的课程中还要重点研究。

树长得越高越大，树根就会扎得越深越牢（图2-24）。沙漠中的树不会长成很大，是因为它扎根不深，它是在表面生长的，它的根是在水平面上蔓延的，它要保持水分和吸收水分。沙漠中的植物大多是圆的，以适应生长的环境。沙漠中的风和昼夜温差都很大。同样人在陌生的环境中就要寻求保护，就会形成团状结构，在热的状态下形成散状，在冷的条件下才形成团状。因此，人在冷热不同的条件下睡觉的姿态也是不一样的。热时身体是敞开的，冷时身体是

图2-25

图2-26

图2-27

图2-28

小鸣夜鹰和松鼠一样，在冬天冬眠。
这种鸟秋季储集脂肪，而当冷天到来
时，就陷入麻木状态，长达三个月之
久。它在窝中伪装得很好，羽毛和卵
石的背景混为一体。

图2-29

图2-30

蜷曲的（图2-25～2-30）。

　　所以说在"火"的时代大家都是散发的。现在我们处于"火"的时代，每个人都是开放的。在集中的时代，就形成团状。我们观察一个国家流行的形态，就能观察到这个民族处于什么样的状态。你可以观察一个地域的形态，如果我们对某一地区的形态做一个考察，就能分析出它的需求，可以按照这一需求进行艺术设计，才能适合其需求状态。据说有一个广告公司要设计一个包装，就要捡这些使用后被人群扔掉的垃圾。例如一个罐头瓶、一张包装纸等，从中就能分析出这一人群的需求，对此进行设计。所以麦当劳的选址有一个基本的指标，有一个很好的程序来衡量。沃尔玛在大连华南的选址策略，首先是对周边进行详细考察。房地产在华南沃尔玛周围的发展也是有道理的。沃尔玛在周围小区的消费调查已经完成，说明周边的环境是成熟的适合居住的，并不是偏远的、功能不健全的。跟随麦当劳或者沃尔玛的需求，它们完成了一套程序指标，才能设定地点。世界是捆绑的，聪明的生意人会跟随一套系统，不用太多的思考。搜狐的成立，就是使用这样的策略，搜狐认识到网络在美国的发展良好，他把这一套系统搬到中国，使自己的事业迅速发

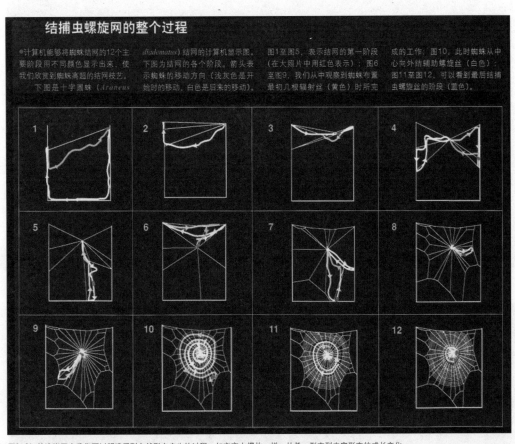

结捕虫螺旋网的整个过程

●计算机能够将蜘蛛结网的12个主要阶段用不同颜色显示出来，使我们欣赏到蜘蛛高超的结网技艺。

下图是十字圆蛛（*Araneus* *diadematus*）结网的计算机显示图。下图为结网的各个阶段。箭头表示蜘蛛的移动方向（浅灰色是开始时的移动，白色是后来的移动）。

图1至图5，表示结网的第一阶段（在大照片中用红色表示）；图6至图9，我们从中观察到蜘蛛布置最初几根辐射丝（黄色）时所完成的工作；图10，此时蜘蛛从中心向外结辅助螺旋丝（白色）；图11至图12，可以看到最后结捕虫螺旋丝的阶段（蓝色）。

图2-31. 从这张图中我们可以明确看到自然形态产生的过程，如宇宙大爆炸一样，从单一形态到丰富形态的成长变化。

展起来，他只要搬过来跟随就可以了。所以我们现在的很多方式就是捆绑型的，不用重新再造，再造也可能成功，但也可能非常麻烦。在设计中捆绑和跟随也许是一个很好的策略（图2-31~2-33）。

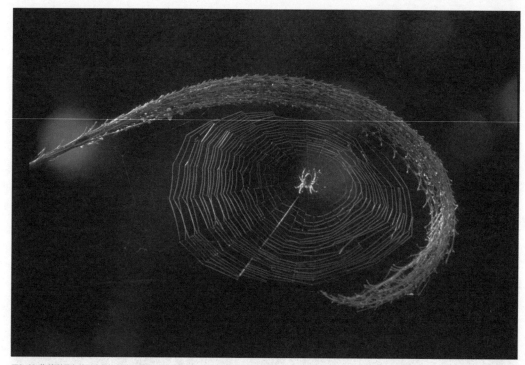

图2-32 蜘蛛利用自然形态做出了自己需要的功能形态，为它的捕猎做出了准备。

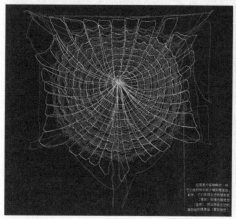

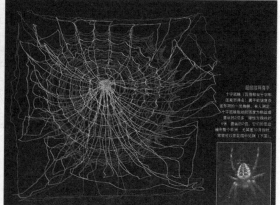

图2-33 不同的蜘蛛网形态。

二、抽象形态

抽象形态相对于自然形态来说是从自然形态中抽取出来的，自然形态是原生态的。在艺术史中存在过抽象阶段，通过抽象，设计才衍生出来。设计是抽象的一个结果。从工艺美术运动到包豪斯，是由艺术抽象之后形成的一套设计系统，起初的都是纯艺术家或者工匠的事情。

在艺术史上和人类发展史上，最初是重在描写自然形态的表面，后来发明了照相机，模拟自然形态这一事情才宣布结束。照相机可以直接记录物象的表面状态。假如没有照相机，人类也要进入抽象阶段。但比较有意思的是，正好这一阶段照相机出现了。

人类进入现代主义阶段便开始了真正的抽象。当我们在欣赏现代艺术时，"现代画"不太容易看懂，就是因为其抽象的原因。抽象不是事物的表象化，而是从事物抽象出来的一种形式概念或风格。所以人们研究风格与形式，由此产生了荷兰风格派、俄罗斯构成主义等等，他们均是将对事物的认识从自然物象中分离出来。

图2-34

图2-35

实际上抽象这一概念在原始时代就发生了，比如原始的数学几何。埃及几何的产生与地理环境有关，尼罗河的水经常泛滥，耕种土地要进行丈量，丈量中圆的面积难以测定，对圆进行测定就产生了抽象的东西。自然创造宇宙有一套数学系统或流体力学，抽象反而变成了具体，在某阶段没有抽象就不可能具体。但总是具体就变成虚无，远的事情无法触及。远的事情是靠抽象完成的，反而成了现实，抽象在某阶段是非常真实的，所以现代主义从某个角度是最真实的。如表现主义的东西感觉是不真实的，其实表现是最真实的，他符合人的情感，如果我这一阶段比较冲动，那我们在画面上所表达的主观的东西是最真实的，或者说是感觉不真实，实际上是最真实。因此说真实和抽象有一种互动，很有意思的是如果总描绘所谓的真实，其实是不真实的，如果是抽象的结果反而是最真的（图2-34、2-35）。

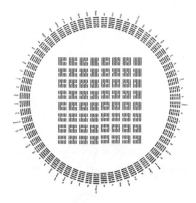

图2-36 八卦

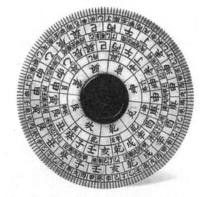

图2-37 罗盘

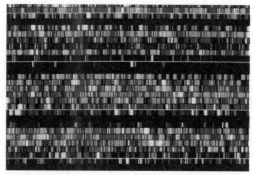

图2-38 人类基因图谱

计算机的网络世界是人类抽象的直接产物，没有抽象化、符号化过程，计算机就无法产生。所以说计算机的语言"1"和"0"是绝对抽象的，是其最基础的语言。人类发明的这些成果，如生命基因的发现，是人类生命符号的抽象，用它就可以再造人类。人类的生产变成工厂，不再是身体形态，而是工厂形态。人的衍生可以通过其他方式进行生产，不再是过去的生产方式，过去要通过男女性荷尔蒙导致冲动生育。这些都是为了生存的需要而产生。我们把这变成了伦理，通过一套伦理关系来控制。一旦进入工厂，生产要改变，新的伦理要产生。当代的工厂生产，导致以前所有模式和观念发生变化，这一变化来自生命再造的基础。

抽象形态包括概念形态和几何形态：

1.概念形态。

人类社会中所使用的各种图像、图表、谱记；各种款式、模式、符号、数字、文字等等。比如：圆周率、勾股定理、五行、太极图、九宫格、黄金分割、星座图、地图、元素周期表、生命基因结构；乐谱、菜谱、色谱、图谱等等。《易经》、八卦是通过方位，把世界所有发生的排列出来，通过"喜""怒""哀""乐"，"前""后""左""右""中"，"上""下"来识别（图2-36～2-38）。

所谓全方位观照，就把人所有的观念、情绪都排列出来。其中怒和哀加在一起可能变成哀怨、忧愁等。所以这一排列可以变成情绪表，可以变成产品需求表或方位表（方位是空间），也可以变成时间表，钟表的时间也是按照这种形式排列，所以这是一种基本模式，是一种开发模式，可以根据不同需求进行配对。例如8点钟代表的是青年人的世界，还代表朝阳产业；傍晚四五点钟代表的是老年人或是夕阳产业。但这是可以变化的，是以不断的变化来调配。《易经》是事物抽象的基本原因或元网络，这是《易经》的作用。这些卦象，每一个都代表一个需求指向，一种感觉，所以人的感觉是360度的，每个角度都是一个需求，一个族类，一个色谱。所以，当代社会族类是360度的，每个角度都是一个需求点或消费点。喜欢哀的，喜欢燥的等等，都可以变成一个需求点，一个消费点，对应相应的产品需求（图2-39）。

古代只开放了一个点，例如高兴点，但高兴过头了导致死亡，它只是一个方面，如果再加点忧愁就不会死，一个点导致死亡。再如我们的味觉有酸甜苦辣，如果只是甜会导致脑血栓、糖尿病。因为太甜了，所以要加上些酸。如果你喜欢吃甜的，那么就相应地吃一些酸的或苦的，这样食物的结构才能平衡。世界是平衡，健康是平衡，如果全在一个点上，如在贫穷的年代，油水少，所以要吃肥肉和糖，那时肥肉和糖一定会成为礼品。现在人们送礼则绝不会送

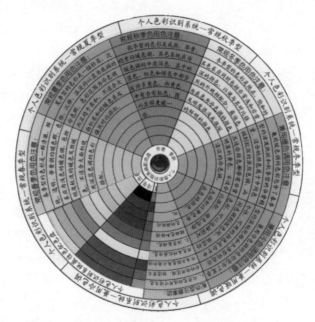

图2-39　李娇研究的个人色彩识别图表

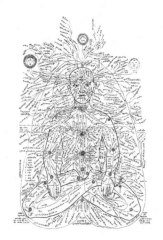

图2-40

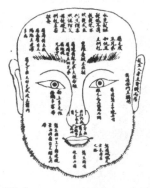

图2-41

图2-42

肥肉和糖了，这会被主人视为不敬，就像送毒品一样。应该送点儿酸的东西，比如优酸乳、脑白金，平衡一下饮食和大脑结构，这也是这类产品产生的社会原因。

人类的消费模式就像是转盘，在不同阶段，开发某一方面。在不同时刻，需要一种酸或一种哀。酸对应一个三角的形态，形态之间是对应的，共时的，同构的。因此说大家要注意同构，酸对应三角，三角对应一个情感，对应一个设计。这是我们进行设计的思路。所以，我们的学习、工作、生活、设计是互相同构的关系。当你发现它们之间的同构关系时，事情就简洁化了。把所有分开的事物变成流水，结合成一体，不再是分体。我们的障碍是分体导致的，当把这些事物变成流水，互动的时候，就消除了障碍，所以东方哲学在当代的作用越来越大，直线作用完成后，曲线的作用开始启动，开始与直线交汇。东方人体经络系统的网络定点，就像人类对天空星体的网络定点一样。每一个穴位管一个事情，穴位是全息的。手、脚的穴位对应身体各部分，人体像一块磁铁，有阴阳，这是一种排列，有规则（图2-40）。面相和手相，中国已经把它网络化，所以手相、面相从某种角度来说有它的道理。例如在面相中，头上部大的头脑发达（和脑容量有关），下巴大的是体力发达的表现，这多少反映出自然的规律。所以在艺术创作中，张飞和鲁智深都是下巴大，周瑜或诸葛亮都是头上部大。王者下巴大，圣者头上部大。星空、宇宙等自然物是同样的一个网络，是一个整体的网络系

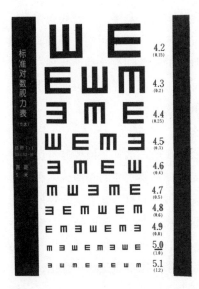

图2-43

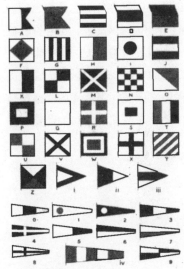

●国际旗码(International Signal Code)
／1934年制定。

图2-44 诺伊拉特的视觉工作

统（图2-41、2-42）。

视力表是检验视觉的图形系统，借此我们可以判断视觉的好坏（图2-43）。瑞士人诺伊拉特是想要建立视觉识别系统的第一人，他试图建立一套视觉系统来说话，后来工作中断了（图2-44）。四川的东巴文就是一套靠图形说话的语言。例如，打猎的过程是以形体语言说话的，如果以声音语言就会惊动动物。视觉时代的好处是因为视觉便利，一看就明白，不用说更多的东西，如：中国共产党的视觉语言表达为镰刀和斧头，红色代表太阳，给我们能量，镰刀、斧头代表工农。中国共产党用这一套符号系统取得了人民的信任，是因为它代表了全国人民的概念。而国民党的失败是必然的，蒋介石代表了地主资本家，是少数，毛泽东代表的是大多数，这一套视觉识别系统必然胜利。

符号指示系统表达很明确，我们已经离不开指示系统了，例如天气预报，不像蛇鼠一样，靠本能的敏感来预知环境的变化，它们不是靠符号系统，当地震要发生时，它们感觉到磁场的变化，导致自身节奏紊乱，四处乱窜。要下雨时燕子低飞，它们对天气变化的预感靠的是本能感觉。

瑜伽就是要恢复自然最初赋予我们的基本感觉，达到与宇宙的磁场同构。人在有疾病的时候需要平静下来，与自然的节奏相对应，进入自然与草木生物同构，这种原始的能量会排出疾病，所说的"三分治，七分

图2-45 联合国决定的道路标识

图2-46 古老的腕木信号。沙佩（Chappe）的电报及其信号／法国，1791年。

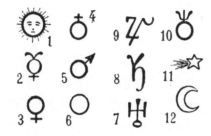

图2-47

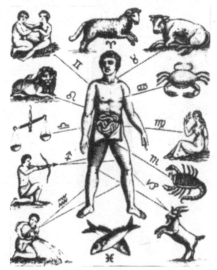

图2-48

养"就是这个道理。狗生病的时候会跑走，它会找到能够治疗它的东西吃，获得与自然的同构。野生的动物往往自然地找到自己的需要。同样，人类可能在某一时间中也会有一种需要和自然沟通。

在饮食上，长期吃一种东西会导致疾病，要不断地变换，这种变换要靠自己的感觉，你可能感觉到要吃酸的东西或浆果。据说为某快餐提供鸡的鸡场，养出的鸡能长七个翅膀。我们吃了七个翅膀的结构，有可能改变我们，我们的病症就是这样产生的。癌症是结构的变化，化学导致结构变化，这个时代脏不可怕，脏可能导致腹泻，但不会解构身体，化学是最恐怖的。俗话说"吃什么补什么"，头发对应何首乌，它是黑色的。黑色的物质往往对血有好处，白色的物质对清新有好处，如果能量太大，肥肉太多，可以吃一些白色的食品。所以西方人在吃肉的时候要靠洋葱来调解，洋葱和肉的搭配这一结构是合理的，洋葱消解脂肪的能量（图2-45～2-51）。

图2-49 世界地理的抽象——早期世界地图

图2-50 二维码是商场中经常使用的条形码的"升级"产品。通过它,计算机能够方便地录入商品信息,它就好像计算机的"眼睛",由此需要被识别的信息就可轻松地录入计算机系统中了。

图2-51 交易方式的抽象——条形码

2. 几何形态。

点、线、面、体。

世界万物回到元是点线面，人类最终的成果是把方块抽象出来便于人类方便的使用，所以马列维奇⑥、蒙德里安⑦的成就就在于这件事情上，他们不再画人物、风景、动物等，画的是抽象。

对抽象的组织又叫构成，所以我们的形态构成就来自于这一发现成果，点、线、面、几何形体，它们均是人类抽象的形态元素（图2-52～2-62）。

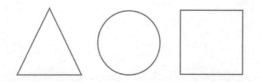

图2-52 几何形体

图2-53 点、线、面

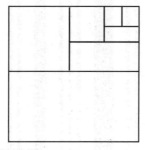

图2-54 方形的分解与抽象

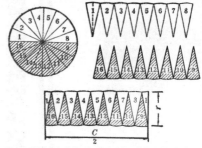

图2-55 圆形的分解与抽象。把圆分成若干等份，然后把它剪开，照下图的样子拼起来。拼出来的图形近似于长方形。把圆等分的份数越多，拼成的图形越接近于长方形。

⑥卡西米尔·塞文洛维奇·马列维奇：俄国画家，至上主义艺术奠基人。1878年2月11日生于波兰基辅，1935年5月15日卒于列宁格勒（今圣彼得堡）。他从接受严谨的西方艺术美学的教育开始，后和康定斯基、蒙德里安等一起成为早年几何抽象主义的先锋，最终以朴实而抽象的几何形体，以及晚期的黑白或亮丽色彩的具体几何形体，创立这个几乎只有他一个人独舞的至上主义艺术舞台。"模仿性的艺术必须被摧毁，就如同消灭帝国主义军队一样。"这就是他铿锵有力的表白。

⑦蒙德里安：荷兰画家。1872年3月7日生于阿默斯福特，1944年2月1日卒于美国纽约。早期大量作品风格介于印象主义和后印象主义之间。20年代初开始从事纯几何形的抽象创作，在平面上把横线和竖线加以结合，形成直角或长方形，并在其中安排原色红、蓝、黄及灰色。他认为艺术是一种净化，只有用抽象的形式，才能获得人类共同的精神表现。蒙德里安是立体派的代表人物，最典型的作品是油画《百老汇爵士乐》。

元素周期表的部分元素符号如下：

H 氢 1

He 氦 2

Li 锂 3　Be 铍 4　　　　　　　　　　　　　　B 硼 5　C 碳 6　N 氮 7　O 氧 8　F 氟 9　Ne 氖

Na 钠 11　Mg 镁 12　　　　　　　　　　　Al 铝 13　Si 硅 14　P 磷 15　S 硫 16　Cl 氯 17　Ar

K 钾 19　Ca 钙 20　Sc 钪 21　Ti 钛 22　V 钒 23　Cr 铬 24　Mn 锰 25　Fe 铁 26　Co 钴 27　Ni 镍 28　Cu 铜 29　Zn 锌 30　Ga 镓 31　Ge 锗 32　As 砷 33　Se 硒 34　Br 溴 35　Kr 氪

Rb 铷 37　Sr 锶 38　Y 钇 39　Zr 锆 40　Nb 铌 41　Mo 钼 42　Tc 锝 43　Ru 钌 44　Rh 铑 45　Pd 钯 46　Ag 银 47　Cd 镉 48　In 铟 49　Sn 锡 50　Sb 锑 51　Te 碲 52　I 碘 53　Xe 氙

Cs 铯 55　Ba 钡 56　La 镧 57　Hf 铪 72　Ta 钽 73　W 钨 74　Re 铼 75　Os 锇 76　Ir 铱 77　Pt 铂 78　Au 金 79　Hg 汞 80　Tl 铊 81　Pb 铅 82　Bi 铋 83　Po 钋 84　At 砹 85　Rn 氡

Fr 钫 87　Ra 镭 88　Ac 锕 89　Rf 钅卢 104　Ha 钅杜 105　Sg 106　Ns 107　Hs 108　Mt 109　110　111　112

Ce 铈 58　Pr 镨 59　Nd 钕 60　Pm 钷 61　Sm 钐 62　Eu 铕 63　Gd 钆 64　Tb 铽 65　Dy 镝 66　Ho 钬 67　Er 铒 68　Tm 铥 69　Tb 镱 70　Lu 镥

Th 钍 90　Pa 镤 91　U 铀 92　Np 镎 93　Pu 钚 94　Am 镅 95　Cm 锔 96　Bk 锫 97　Cf 锎 98　Es 锿 99　Fm 镄 100　Md 钔 101　No 锘 102　Lr 铹

元素周期表及其发明人：

由门捷列夫（左图）在1869年
设计的元素周期表，现在是每一位
化学家和物理学家必备的工具。
在周期表中，化学元素按行和列分组，
这些行、列分别对应类似的
物理和化学特性。

和铀前后的元素：

（原子序数为92）
的元素都是人造元素，
们在自然界中根本
存在，而是产生于
验室，它们被称为
超铀元素"或"铀后元素"。
是在铀之前也有两个
造元素，它们是锝和钷

△ =液态　　▲ =气态　　▽ =人造元素　　▼ =放射性元素

图2-56 门捷列夫的元素周期表——物质元素的抽象

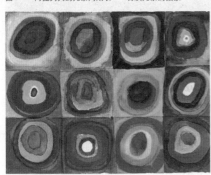

图2-57 康定斯基作品

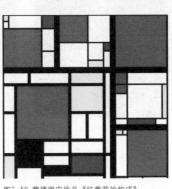

图2-58 蒙德里安作品《红黄蓝的构成》

图2-59 马列维奇作品

同为俄国老乡的康定斯基和马列维奇发现了视觉图像元素的终极——形元素、色元素。

图2-60 人类抽象的成果再造——标志作为新文字、新符号能指。徐冰《地书》

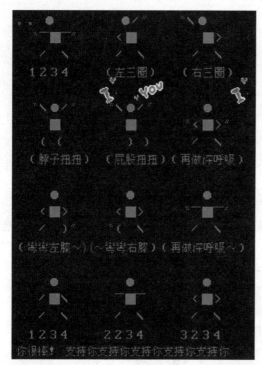

图2-61 人类抽象的成果再造——符号作为新文字。

图2-62 一种抽象的终极——在无意义状态下计算机自行打印的形态在此基础上再进一步的话就成了"火星文"。▶

Z[\] _ `abcdefghijklmnopqrstuvwxyz{¦}~ÇüéàáäàçëëèïîìÄÅÉæÆ

an
[\]^_`abcdefghijklmnopqrstuvwxyz{¦}~ÇüéâäàåçêëèïîìÄÅÉæÆôöòûùÿÖÜ¢£¥₧ƒáíóúñÑa
\]^_`abcdefghijklmnopqrstuvwxyz{¦}~ÇüéâäàåçêëèïîìÄÅÉæÆôöòûùÿÖÜ¢£¥₧ƒáíóúñÑaₒ
]^_`abcdefghijklmnopqrstuvwxyz{¦}~ÇüéâäàåçêëèïîìÄÅÉæÆôöòûùÿÖÜ¢£¥₧ƒáíóúñÑaₒ¿
^_`abcdefghijklmnopqrstuvwxyz{¦}~ÇüéâäàåçêëèïîìÄÅÉæÆôöòûùÿÖÜ¢£¥₧ƒáíóúñÑaₒ¿
`abcdefghijklmnopqrstuvwxyz{¦}~ÇüéâäàåçêëèïîìÄÅÉæÆôöòûùÿÖÜ¢£¥₧ƒáíóúñÑaₒ¿¬½
abcdefghijklmnopqrstuvwxyz{¦}~ÇüéâäàåçêëèïîìÄÅÉæÆôöòûùÿÖÜ¢£¥₧ƒáíóúñÑaₒ¿¬½¼

s Serif
bcdefghijklmnopqrstuvwxyz{¦}~ÇüéâäàåçêëèïîìÄÅÉæÆôöòûùÿÖÜ¢£¥₧ƒáíóúñÑaₒ¿¬½¼¡
cdefghijklmnopqrstuvwxyz{¦}~ÇüéâäàåçêëèïîìÄÅÉæÆôöòûùÿÖÜ¢£¥₧ƒáíóúñÑaₒ¿¬½¼¡«
defghijklmnopqrstuvwxyz{¦}~ÇüéâäàåçêëèïîìÄÅÉæÆôöòûùÿÖÜ¢£¥₧ƒáíóúñÑaₒ¿¬½¼¡«»
efghijklmnopqrstuvwxyz{¦}~ÇüéâäàåçêëèïîìÄÅÉæÆôöòûùÿÖÜ¢£¥₧ƒáíóúñÑaₒ¿¬½¼¡«»

ghijklmnopqrstuvwxyz{¦}~ÇüéâäàåçêëèïîìÄÅÉæÆôöòûùÿÖÜ¢£¥₧ƒáíóúñÑaₒ¿¬½¼¡«»
hijklmnopqrstuvwxyz{¦}~ÇüéâäàåçêëèïîìÄÅÉæÆôöòûùÿÖÜ¢£¥₧ƒáíóúñÑaₒ¿¬½¼¡«»

rier
ijklmnopqrstuvwxyz{¦}~ÇüéâäàåçêëèïîìÄÅÉæÆôöòûùÿÖÜ¢£¥₧ƒáíóúñÑaₒ¿¬½¼¡«»
jklmnopqrstuvwxyz{¦}~ÇüéâäàåçêëèïîìÄÅÉæÆôöòûùÿÖÜ¢£¥₧ƒáíóúñÑaₒ¿¬½¼¡«»
klmnopqrstuvwxyz{¦}~ÇüéâäàåçêëèïîìÄÅÉæÆôöòûùÿÖÜ¢£¥₧ƒáíóúñÑaₒ¿¬½¼¡«»
lmnopqrstuvwxyz{¦}~ÇüéâäàåçêëèïîìÄÅÉæÆôöòûùÿÖÜ¢£¥₧ƒáíóúñÑaₒ¿¬½¼¡«»

nopqrstuvwxyz{¦}~ÇüéâäàåçêëèïîìÄÅÉæÆôöòûùÿÖÜ¢£¥₧ƒáíóúñÑaₒ¿¬½¼¡«»
opqrstuvwxyz{¦}~ÇüéâäàåçêëèïîìÄÅÉæÆôöòûùÿÖÜ¢£¥₧ƒáíóúñÑaₒ¿¬½¼¡«»

stige
pqrstuvwxyz{¦}~ÇüéâäàåçêëèïîìÄÅÉæÆôöòûùÿÖÜ¢£¥₧ƒáíóúñÑaₒ¿¬½¼¡«»
qrstuvwxyz{¦}~ÇüéâäàåçêëèïîìÄÅÉæÆôöòûùÿÖÜ¢£¥₧ƒáíóúñÑaₒ¿¬½¼¡«»
rstuvwxyz{¦}~ÇüéâäàåçêëèïîìÄÅÉæÆôöòûùÿÖÜ¢£¥₧ƒáíóúñÑaₒ¿¬½¼¡«»
stuvwxyz{¦}~ÇüéâäàåçêëèïîìÄÅÉæÆôöòûùÿÖÜ¢£¥₧ƒáíóúñÑaₒ¿¬½¼¡«»

uvwxyz{¦}~ÇüéâäàåçêëèïîìÄÅÉæÆôöòûùÿÖÜ¢£¥₧ƒáíóúñÑaₒ¿¬½¼¡«»
vwxyz{¦}~ÇüéâäàåçêëèïîìÄÅÉæÆôöòûùÿÖÜ¢£¥₧ƒáíóúñÑaₒ¿¬½¼¡«»

ipt
wxyz{¦}~ÇüéâäàåçêëèïîìÄÅÉæÆôöòûùÿÖÜ¢£¥₧ƒáíóúñÑaₒ¿¬½¼¡«»
xyz{¦}~ÇüéâäàåçêëèïîìÄÅÉæÆôöòûùÿÖÜ¢£¥₧ƒáíóúñÑaₒ¿¬½¼¡«»
yz{¦}~ÇüéâäàåçêëèïîìÄÅÉæÆôöòûùÿÖÜ¢£¥₧ƒáíóúñÑaₒ¿¬½¼¡«»
z{¦}~ÇüéâäàåçêëèïîìÄÅÉæÆôöòûùÿÖÜ¢£¥₧ƒáíóúñÑaₒ¿¬½¼¡«»

¦}~ÇüéâäàåçêëèïîìÄÅÉæÆôöòûùÿÖÜ¢£¥₧ƒáíóúñÑaₒ¿¬½¼¡«»
}~ÇüéâäàåçêëèïîìÄÅÉæÆôöòûùÿÖÜ¢£¥₧ƒáíóúñÑaₒ¿¬½¼¡«»

an T
ÇüéâäàåçêëèïîìÄÅÉæÆôöòûùÿÖÜ¢£¥₧ƒáíóúñÑaₒ¿¬½¼¡«»
üéâäàåçêëèïîìÄÅÉæÆôöòûùÿÖÜ¢£¥₧ƒáíóúñÑaₒ¿¬½¼¡«»
éâäàåçêëèïîìÄÅÉæÆôöòûùÿÖÜ¢£¥₧ƒáíóúñÑaₒ¿¬½¼¡«»
âäàåçêëèïîìÄÅÉæÆôöòûùÿÖÜ¢£¥₧ƒáíóúñÑaₒ¿¬½¼¡«»   αβΓ

äàåçêëèïîìÄÅÉæÆôöòûùÿÖÜ¢£¥₧ƒáíóúñÑaₒ¿¬½¼¡«»   αβΓ
àåçêëèïîìÄÅÉæÆôöòûùÿÖÜ¢£¥₧ƒáíóúñÑaₒ¿¬½¼¡«»   αβΓπΣ

s serif H
åçêëèïîìÄÅÉæÆôöòûùÿÖÜ¢£¥₧ƒáíóúñÑaₒ¿¬½¼¡«»   αβΓ
çêëèïîìÄÅÉæÆôöòûùÿÖÜ¢£¥₧ƒáíóúñÑaₒ¿¬½¼¡«»   αβΓ
êëèïîìÄÅÉæÆôöòûùÿÖÜ¢£¥₧ƒáíóúñÑaₒ¿¬½¼¡«»   αβΓ
ëèïîìÄÅÉæÆôöòûùÿÖÜ¢£¥₧ƒáíóúñÑaₒ¿¬½¼¡«»   αβΓ

ïîìÄÅÉæÆôöòûùÿÖÜ¢£¥₧ƒáíóúñÑaₒ¿¬½¼¡«»   αβΓπΣ
ÄÅÉæÆôöòûùÿÖÜ¢£¥₧ƒáíóúñÑaₒ¿¬½¼   αβΓπΣ

图2-63

3.人化形态。

在我们居住的生活环境里,所看到的和所用的大多是人工制造的东西,如书、书桌和电脑,椅子、花盆、书架和门,头顶上的灯,窗外的马路、车辆和建筑物,水面上的船舶,天空中的飞机等等,都是通过人工把自然形态分解组合从自然形态中提取出的抽象形态,再经设计而形成的人化形态(图2-63~2-72)。

图2-64

图2-65

图2-66

图2-67

图2-68

图2-69

图2-70

人类为了生活和适应外界环境而创造出了日常生活用品。如我们所使用的各种东西，各种工具，如钟表、尺子、温度计、红绿灯、视力图、圆规等。

图2-71

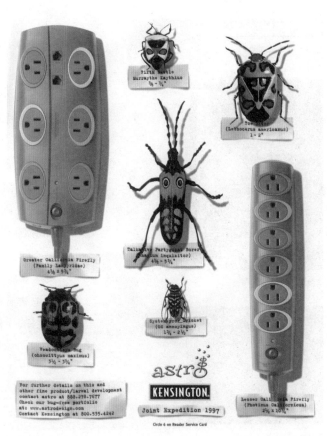
图2-72

图2-73 方——马列维奇

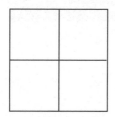

图2-74 方格——井田字

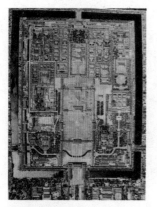

图2-75 网格——紫禁城

图2-76 城市的形成

方形是人类的基础形态，一个方形抽象出来以后就建成一个教室，构成了我们的桌、椅、计算机、门、窗、城市、四合院等（图2-73～2-77）。方形是所有形态中最基本的要素，这是由马列维奇发现的，因此马列维奇在现代艺术史上被认为是最重要的人物之一。

西方的艺术史就是不断地研究视觉科学的历史，即研究视觉如何去观看的方式，通过抽象提取，再进行艺术创作与设计。

我们使用的所有东西都来自于对自然的抽象，使之成为符号，符号再形成人造物体。抽象是中间过程，抽象便于再造。这个过程来自于自然的启迪过程，是通过对自然的结构和功能的研究，再将这些结构和功能制成新的物质，这也就是设计发生的原因。

在造型上的仿生设计是相对简单的，高级的人化形态是通过程序运算出来的。计算机网络就是一种高级的抽象形态，其有严密的程序。初级的抽象则是无生命的，比较简单的。人类要创造新的高级人化形态，就要带有智能（图2-78～2-81）。

如果各种排列起来形成一个生态形态的话，把世界的物质按照一个个指标来衡量，可口可乐就是饮料的指标，吉列是刀片的指标等。品牌就是一个符号，人把世界变成一个符号，一个胶囊，吃食物就吃各种胶囊，等于吃各种概念。

图2-77 ▶

鱼刺

图2-78

蜗牛

图2-79

蜻蜓

图2-80

帆船

图2-81

人类最后会变成同步交换，将世界重新构成一个网络，我们一旦进入这个网络世界，人化世界就成熟了。当代交通网、航空网、电信网正在把世界进行分解并重构。

例如最新的预测，未来人类大城市将向此转移。人化形态改变了自然形态的外貌与实质，道路、网络构筑了人化世界的血液（图2-82、2-83）。

图2-82

图2-83

以上我们对自然形态、抽象形态、人化形态进行分类，从中我们可以知道三种形态的关系非常明显，抽象形态处于中间状态，人类是把自然形态变成人化形态。比如：羊角的形态，是权威的建立，表达了一个事物的完整性；事物的成熟往往呈双螺旋结构，民间的吉祥图案，花卉开得好坏，渐开线成熟等等，都可通过双螺旋结构来呈现，以下是三种形态的区分与比较（图2-84～2-86）。

形态类型	形态结构	形态功能	形态应用

吉祥结

图2-84

(1) 扣子
(2) 表示吉祥如意
繁衍不息
互相紧密联系

自然形态

抽象形态

人化形态

图2-85

楼梯　　车轮　　吊坠　　糖果

脸谱　　风车　　名画　　挂毯　　装饰　　发条

项链　　盘子　　蚊香　　钟表　　盘山路　　胶带

盘发　　散热口　　彩带　　灯泡　　竹简　　挂灯

海报　　扶手　　首饰　　服装

耳钉　　螺旋桨

图2-86

第三章
形态分析

视觉的形态是艺术设计所研究的对象，视觉形态的认知是各个专业进行视觉表达的基础。形态是由形态的结构和功能来呈现的，设计都是围绕结构和功能来进行的，形态的一个功能或结构的增减，都会导致一个新的需求的产生。这一章我们就来了解一下形态的结构和功能。

结构和功能决定不同的形态。比方说，某一个班的同学年龄相仿，但形态各异，我们可以根据不同人的不同结构，很快地将他们识别出来。和陌生人初次见面，我们通过结构来识别谁是谁，并初步判断对方的身份。

第一节　形态结构

图3-1 树形结构

西方文化的发展经历了分析哲学、语言哲学到结构主义的发展过程，当人类进入现代主义阶段，形态的结构受到了人们特别地关注与研究，结构主义哲学、完形理论、视知觉理论都是在此基础上形成并对艺术和设计产生影响。

形态元素相互之间的关系及排列次序称之为结构。

形态有四种基本结构：①集合结构；②线性结构；③树状结构（图3-1~3-3）；④图状结构（网状结构）。树状结构和图状结构都属于非线性结构。集合结构中的数据元素除了同属于一种类型外，别无其他关系。线性结构中的元素之间存在一对一关系。树状结构中元素之间存在一对多的关系，图状结构中元素之间存在多对多关系，在图状结构中每个结点的前驱结点数和后续结点数可以任意产生多个点。

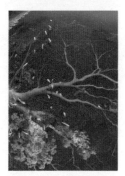

图3-2 珊瑚的树形结构

结构是构成此事物各个部分的要素按照一定要求所形成的排列组合关系。如人和动物都是由水、蛋白质、维生素等基本要素构成的，但由于这些要素的不同排列组合则分别构成了人和各种其他动植物的不同，是结构使它们产生了区别。我们吃猪肉但不会变成猪，就是因为我们把猪肉分解重构，然后成为我们身体需

图3-3 肺的树形结构

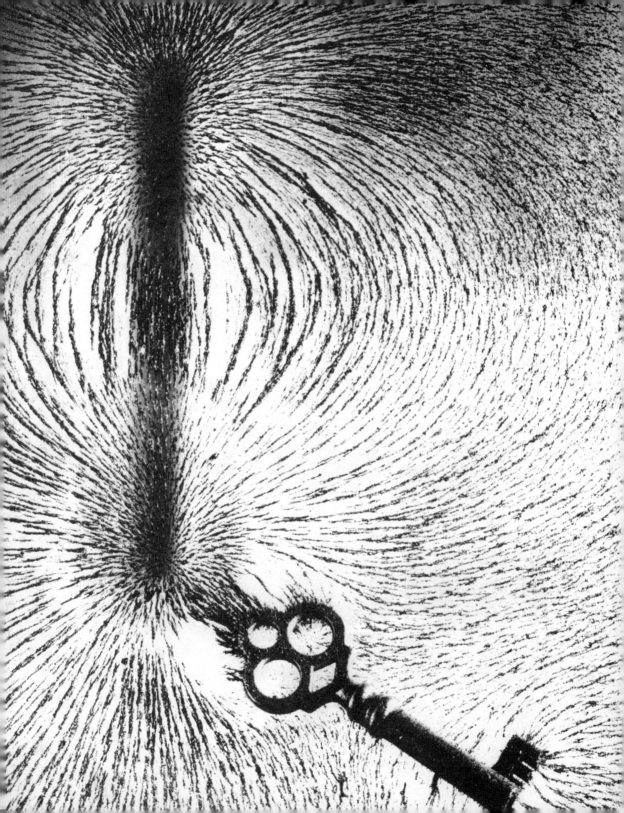

要的部分。这就是一个物质和能量的转化过程。在我们这套形态系统中称为形态转化，我们将在以后的章节中详细论述形态的转化。

把条形磁铁放在一张纸上，撒上铁粉，就显现出漩涡状的"磁力线"形态（图3-4）。它们从条形磁铁的一端弯到另一端。如果将一把铁钥匙放在条形磁铁附近，它会被磁化，也变成一个磁铁。图形中铁粉聚集排列的不同疏密，显示磁场在不同地方的相对强弱的解构分布。

通过铁屑等被磁化的物体在磁场周围的排列，使真实存在的场可视化。任何一个独立的生物都是一个自身闭合的磁场，地球本身是个大的磁场，有南北极，我们观察北极光的排列和磁场中小铁屑的有序排列是一样的。磁场是一个闭合结构，这个结构越紧凑，生命力越强大，例如老年人接近消亡的时候，人体的磁场就会衰弱，免疫力会下降，这个磁场决定生物生命的强大与否。我们观察一个人，看他的力量和耗散结构，如果不强大，人就会表现出来懒散，不想做事，这时是人体的磁场较弱的时候。磁场强时就会在形态上有相反的表现，为什么在文学作品中形容一个英雄时说"身前身后有百步的威风"，我们看到一些名人明星时会觉得他们身边有光环，也就是所说的气质、魅力，就是这个道理。我们观察一些果实的结构时也是一样的，例如一个苹果的竖剖面和图示中磁场的剖面具有相同的结构，两边都有凹下去的窝，磁力线由一个窝出发到另一个窝收回结束，形成闭合，果实一样有头有尾，果肉就是按照磁力线的排列结构排列的，苹果核中种子排列的朝向就明显地呈现了这一结构（图3-5）。同样，蜜蜂通过跳8字舞（磁力线结构）来定位方向（图3-6）。

磁场的这个结构是事物普遍存在的结构。大家在小的时候都玩过磁铁，看到过被磁化的小铁屑在磁铁周围的有序排列，这样的结构具有张力。在射箭时，箭要发出的一瞬间，弓的弯

图3-5

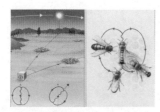

图3-6

图3-7

图3-8 头发的"旋"儿

图3-9 指纹

图3-10 欧洲国家的国旗与亚洲、非洲国家旗帜有很大不同

曲状态是具有最大张力的，这时是一个最佳结构，和磁场的结构是相似的，我们经常说的张力就是弯曲的这条最佳的弧线。在古典建筑中，建筑的穹顶和"洋葱头"的建筑顶端，就是采用这个最佳结构（图3-7），我们看到这样一个形态会感觉到特别舒服，它是人类居住要求的结构化，当然穹顶还有它特殊的物理功能。在产品设计中一直流行使用的流线型设计也是这种最佳结构的体现。

每个人头发都有的"旋儿"就是头发排列的结构（图3-8），还有我们的指纹是皮肤的组织结构（图3-9）。指南针的发明也说明地球就是个大的磁场。中国人最先发明了指南针，可是没有借助它去征服自然界，其在航海上的使用，使西方发现新大陆，海洋文明得以发展。

接下来我们分析一下形态结构产生的根源，可能会有一些抽象，是针对形态结构产生的原型性和发生性的论述。

一、东西方两大元形态的结构分析

前面我们讲过东西方文化有很大的差异，我们通过结构分析会发现一些差异产生的原因。代表西方文化的典型符号是十字，这是西方物质和精神最标志性的符号，也是西方文化结构的主要表现形式。旗帜代表的是一个部落、种族和国家，是体现其最核心的意识符号。欧洲各国的国旗和亚洲、非洲国家的旗帜有很大不同（图3-10）。欧洲国家的国旗基本上是由直线和三种色彩构成，直线代表理性，水平直线代表平等，具有多元的民主的含义，如果追本溯源，这些均与古希腊的文化有关。古希腊是最早实行三权分立的民主制度的国家，古希腊人注重理性、逻辑、数学。而东方国家的旗帜大多代表了统一，具有完整的概念。由此可以看出旗帜的结构和它所代表国家民族的意识形态的结构有关。另外，代表西方的符号的十字，也可以理解为经和纬。经和纬就构成了这样一个网络，即形成能够直立的形态结构（图3-11）。十字由横竖两条直线相交而成，横线代表空间，竖线代表时间。横竖线的交叉也是我们切割物体的习惯方式，横一刀竖一刀地把物体切开这也正是西方人分析问题的主要方法和看待事物的主要习惯方式。交叉可产生结点。本文中学校的"校"字就有交叉，学校要经过交叉，形成网络，在这里通过交流学习知识。

代表东方特征的核心图形是由一个正圆和S形曲线构成的太极图形（图3-12）。直线代表一分为二，我们在切面包和土豆时会干脆的横一刀、竖一刀的把东西分解开来，但切割时很难切出曲线来。太极图中的曲线把圆形分成了两半，但不是截然分开，分开的两部分有互动。当代就是一个互动时代，你中有我，我中有你，这条曲线代表了既对立又统一的双方。另外在S线两边的黑方中有一颗白点，白方中有一颗黑点，这两个点就是带动双方产生互动的因子。如围棋的下法和

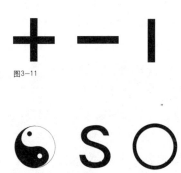

图3-11

图3-12

太极图的道理一样，下围棋就是在下结构，围棋下得不好就是结构没有设计好，或没有结构意识。

因此说，设计如同人生，无论遇到什么事，都要抓住事物的结构去分析，并且还要主动地去设计事物的结构。以中国为代表的东方文化注重事物间的流动变化，曲线体现事物连续、运动、整体、有生命、活的、系统的性质。太极图的圆形代表了东方人渴望圆满统一的意识。

二、直线和曲线的生成

1.直线和曲线的一元形态。

直线的形成是点沿着一个方向排列形成的，一个方向导致线性的结构（图3-13）。曲线的形成是点沿着不断变化的方向排列形成的（图3-14），导致产生多变的、多角度的、多种可能的思维方式，中国的这条曲线的形成和中国人的思想有关，中国人认为一切都是变异的、善变的、流通的。东方的S形曲线是整体的、散点的、无中心的；西方向一个方向进行，导致逻辑的产生，中心的产生。这一区别在东西方的绘画中表现得最明显。

我们通过视觉形态的分析，可以认知到直线和曲线形成的原因，再进一步的分析，可以看到中西方文化发展的差异都和这两条线有关。西方的逻辑、黄金分割、分析哲学、语言哲学、结构主义这一系列思想的发生都与直线有关；东方的太极、老子、孔

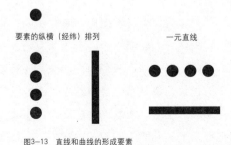

要素的纵横（经纬）排列　　　一元直线

图3-13　直线和曲线的形成要素

要素的纵横曲线排列　　　　　一元曲线

图3-14

直线和曲线的延伸
直线和曲线的二元形态

图3-15

直线的三元形态

图3-16

直线和曲线的四元结构

图3-17

子、禅宗、宋明理学等思想都和曲线有关。西方的建筑和园林以直线、方形为主；中国的园林是曲线的、散点的。

在日常交往中，西方人相对直接，开门见山；中国人的交往是曲线的，反复的，就像赵本山的小品《拜年》所表演的那样有事情不直接说，旁敲侧击式的。拳击和太极拳的打法有很大的不同，一个是直线的，一个是曲线的。

2.直线和曲线的二元形态。

一个是十字，一个由两条S曲线构成的与花瓣结构相似的形态（图3-15）。

3.直线和曲线的三元形态。

一生二，二生三，三生万物。在人生中我们说三十而立，三是可以站立的，两条腿的凳子是不能站立的。三是一个发生状态，三角形代表锋芒，向外扩张、侵略和战争（图3-16）。

4.直线和曲线的四元形态。

方形更加稳定，四平八稳，天圆地方，都在说明方形的特征（图3-17）。四元的曲线状态越来越像花瓣的形态，螺旋有单向的，还有双向的。

我们的头发生长有螺旋，东北叫做"旋儿"，大部分人长有一个，有的人有两或多个。观察可以发现，我们头发的旋儿还有指头上的指纹，都是我们身体的生长线，它们是控制我们毛发、皮肤的生成结构。东北民间把有四个旋儿的人叫做"四愣子"，什么

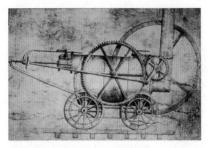

图3-18

图3-19 直线和曲线的五元结构

图3-20 直线和曲线的六元结构

图3-21 直线和曲线的十元结构

图3-22 直线和曲线的无限元结构

都不怕的意思，他的头发的结构呈现交叉的状态。

物体做曲线运动比较省力，所以滑轮的发明使用在人类历史上有重要的作用，有了滑轮才有车子的发明，才有我们生活中各种各样的与滑轮有关的工具（图3-18），四方形是不能滚动的，只能滑动，比滚动要费力得多。

5.直线和曲线的五元形态。

五是中国之道，中国有五行说，世界由金、木、水、火、土五种基本元素构成，相对的古希腊人认为世界万物皆源于四种要素：土、气、火、水，西方文化强调"方"，我们现在所住的建筑和室内的家具产品都是以方形为主的。

四是比较稳定的结构，在加入一元成五元以后，就与圆形接近了，容易产生循环，可以转动起来（图3-19）。

6.直线和曲线的六元形态及其他。

我们在生活中会见到和使用很多的菱形结构，其中六边菱形是能够相互连接组合并且很稳定的最佳形态，互相组合能够生成无限，方形也可以组合，但组合得不结实，六边形的结构搭配非常合理。（图3-20、3-21）

六元以后到十元、多元。古典的广场设计就是以八边或十边的结构来组织的。直线分割到最后形成圆形，大家在画素描时就是用方形把圆切出来的（图3-22）。直线切

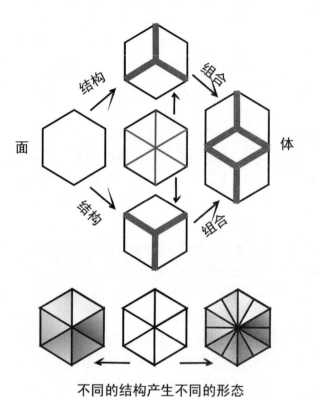

不同的结构产生不同的形态

多焦点观察 ......→ 上面为焦点时是 a
......→ 中心为焦点时是
......→ 下面为焦点时是 b

以上三个焦点产生三种形态：1. 正形
2. 复合形
3. 负形

图3-23

得越多就越接近圆形，这也说明西方的"切割"发展到极限时就会向东方寻求解决问题的方法，当物理研究物质的构成到达极限时，最小的微粒同时具有粒子和波的双重性，达到了模糊，产生波粒二象的关系，就是太极的关系。西方的艺术发展到一定阶段就会向东方学习，寻求突破。东方从近代到现代一直在寻求直线，寻求逻辑，所以近现代史的发展就是以东西方文化互动为推动力的。

图3-23是一个六边菱形，当我们把视觉焦点放到上面的点时就会识别出图a，把焦点放到下面时我们就会识别出图b，这个例子说明我们在观看一个图形的结构时，我们的焦点是很重要的，以不同的点为焦点所达到的结果是不一样的，很多共生图形就是一些点线互相共用，图a和图b是共生互动图形。毕加索的立体主义就是这个原理（图3-24），这个图形就能破解毕加索的作品，中间红色的四边形既是上面图a的底，同时又是图b的顶，是两个图形的共需部分，这个四边形和太极图中的S曲线的作用是一样的。

图3-24

图3-25

这个六边形有上、中、下三个部分，中国人强调中，中间的红色部分就是一个中字，和古代的圆形方空的铜钱相似。

上、中、下三种时空观，决定我们做设计的思维起点，当我们面对一个事物时要有上、中、下三种思维，然后我们取中，这样我们一个创意就能产生，一个事物就能很好地完成。我们不能只看到一个点。西方是焦点透视，东方是散点透视。大家在欣赏哈迪德的建筑设计时，会发现她把建筑卷起来，室内设计的顶面、立面、地面是连续在一起的。库哈斯的新央视大厦就是S形的，这些都是后现代设计，这些设计都体现了东方的思维，带给人们的是多向度的、开阔的、可变的焦点，不再是一个四平八稳的、僵死的方盒子（图3-25）。这个时代是可变的，因为要满足每个人，所谓多元的时代，不能用一个设计满足大家。满足大家是要有唯一性，要规范，当满足每个人时，唯一和规范就被解构了、分散了，要实现对每个人的设计，设计就要多变，要多角度，同时具有上、中、下三个焦点。在这里设计面对的不是多"民族"而是多"族类"，这是我们当下世界人群的现状，要满足多"族类"需要多焦点，而不是一个焦点。

水的结晶是正六边形的，这和水的分子结构有关，水在液态时我们是看不到这一结构的。如果水被污染，这时的结晶就不会是规整的正六边形，杂质会影响这一结构，所

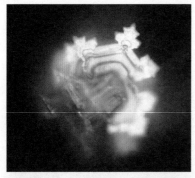

图3—26
肮脏的水结晶

图3—27
美好的水结晶

以我们通过观察水结晶的形态就能判断水的洁净程度。《水知道答案》证明了美好与肮脏分别呈现为不同的结构。（图3-26、3-27）

　　图3-28、3-29是我们在中学化学课中学习过的关于碳原子的不同排列，而显现出完全不同性质的例子。说明了结构的决定性作用。金刚石的碳原子排列是六边形结构的，结构非常有序，对外所表现出来的功能是非常坚硬的。石墨的性质相反，像一摊泥巴一样。在功能上各有各的用处，石墨的隔音功能是金刚石不可替代的。形态的结构导致功能不同，结构和功能是物质价值判断的依据，同样分量的石墨和金刚石的价值是天壤之别。

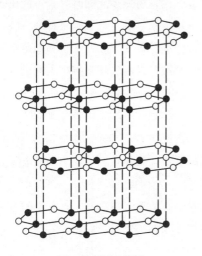

图3-28 石墨结构层状结构，
同质异构结构决定功能

图3-29 金刚石结构正四面体结构，
同质异构结构决定功能

图3-30 直线的菱形复合形态

图3-31

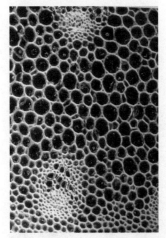

图3-32 微观世界的菱形结构保持生命的最佳张力

⑧鲁道夫·斯坦纳（1861—1925），奥地利社会哲学家。生于克拉列维察（今南斯拉夫境内）。他是灵智学的创始人，用人的本性、心灵感觉和独立于感官的纯思维与理论解释生活。他潜心于科学，编辑了歌德的科学著作，并深受其影响。在《自由的哲学》(Die Philosophie der Freiheit，1894年)一书中转而钻研哲学；在他编辑的《文学期刊》中又探讨文学。曾于1923年做了一个关于蜜蜂生活的报告，讲述了有关蜜蜂的社会组织、蜂房以及蜂蜜的奇妙性质。

六边形结构在我们的生活中常常可以见到。蜜蜂蜂巢的切面呈现出正六边形（图3-31、3-32），蜜蜂的行为方式、社会组织结构是非常合理有序的，斯坦纳⑧在研究文化人类学时以蜜蜂作为研究对象，他认为以蜜蜂的社会组织结构来组织人类社会，会使人类社会更加协调有序，蜜蜂的社会分工明确，每个社会成员各司其职，互不侵犯，共同劳动，御敌，共同分享劳动成果，为组织无私奉献，如果人类社会有这样的结构，人类社会就会完整有序，没有战争。斯坦纳研究蜜蜂的社会结构是怎样生成的，再把这一结构移用到人类社会。同样的，把蜜蜂的组织结构关系应用到我们的艺术设计中，就会设计出一个合理的小区，一件合理的产品，一个合理的广告，一部合理的电影。

海边的礁石被腐蚀后留下来的结构是菱形结构，这一结构是表皮保持张力的最佳结构，人的皮肤放大后观察也是这样的结构，我们见到的草皮、地皮、树皮、湖海的表面等等都是这样的结构。它们互相之间穿插咬合，不易断裂。被腐蚀的礁石表面所呈现的菱形结构，能保持被腐蚀的最小度。生活中还有很多这样的菱形结构，门板上剥落的漆皮，微观观察生物的表皮，日常码放东西的排列结构等等。这样的结构能使放在一起的个体之间互相咬合，产生互动，这样才能结实。同样道理在生活中，两口子要有交流，有互动，不互动就不结实，无法咬合（图

3-33）。

六边形能把力分解到四面八方，力是多向度的，有开放性。方形太稳定，力不能分散，三角形也能分解力是多向度的，但没有六边形丰富。

水干涸后，水底的泥巴所呈现的菱形结构，是水在蒸发前留下的保持张力的最佳结构，这一结构是泥巴中的水保持液态不被蒸发的最佳结构（图3-34～3-43）。

树皮的结构也有这样的特征，在中国国画的技法中，树皮的画法有特定的方法（图3-44～3-46），都是菱形结构，水墨画是中国人总结的用线表达事物的方法，就是画结构，水的表达也是一样的。

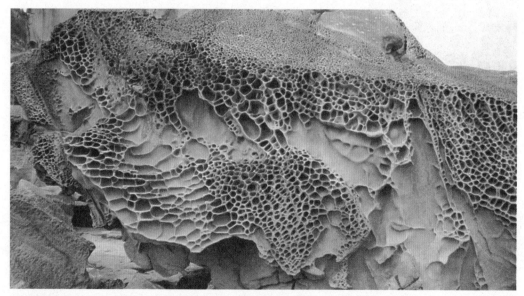

图3-33 被海水腐蚀的岩石留下菱形表皮的结构持续它的存在，海水浸透如同蜂窝结构一样，说明力学结构是一样的道理。

图3-34 老百姓家存放玉米时是按照菱形结构排列的，获得玉米摆放的最佳空间，同时也使玉米不易腐烂。

图3-35 门上的油漆剥落，到最后只剩下最后的张力结构——菱形排列。

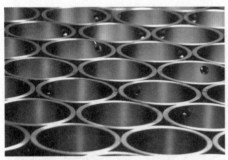

图3-36 钢管的自然排列

图3-37 山西民居的屋顶

图3-38 铁丝网的结构

图3-39 农村石材墙石头的排列也形成了最佳结构。

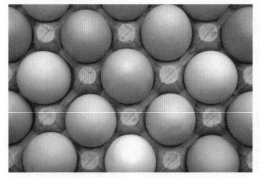

图3-40 鸡蛋的菱形排列可以避免破碎

图3-41 编织的笆箩 "中" 字结构

图3-42 为避免山体滑坡而设立的防护栏呈现为菱形结构

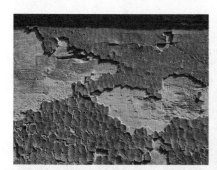

图3-43 风蚀水沽显示菱形结构的最后张力——表皮，用菱形结构的最佳张力固定宜于泥石滑落的表皮

图3-44

图3-45

图3-46 树的表皮结构

我们来看看树枝之间的结构关系。春天果园要对果树进行剪枝，目的就是要树枝之间能有效的排列，从外面看就呈现菱形，这样的结构能使树枝最大限度地照射到阳光，更加透气，从而增加结果的数量。河流与大海的

图3-47 树枝的结构显示了菱形的分布

图3-48 亚马逊河高空观看像一棵树的结构

相接之处，从天上俯瞰也会发现其呈现的树形结构特征（图3-48），菱形结构与DNA双螺旋结构有同类之处，都呈现了生命的形式，山峦、海洋、沙丘也是它的表现（图3-49～3-60）。

图3-49

图3-50 中国画水的表达形式

图3-51

图3-52

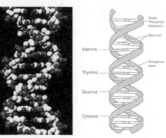
图3-54 DNA脱氧核糖核酸的双螺旋排列结构

图3-53 群山之间的错落

图3-55 水面结构

图3-56 藤缠树

图3-57 沙漠的表皮结构

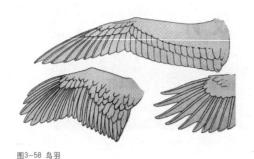

图3-58 鸟羽

图3-59 鱼鳞

由此启发我们认知事物要深入到事物结构这样的深度，这样我们的认知快速有效，我们在拼图游戏中就是在头脑中先有了事物完整形态的结构，才能把拼图的碎片快速、完整地拼成。同样在生活工作中，如果没有结构，那么我们的工作就没有效率，没有质量，就像熊瞎子掰苞米一样，掰一个扔一个。不能有效安排。所以大家有必要学习结构主义和语言学方面的知识。结构主义对20世纪西方的影响非常大，包豪斯就是结构主义的一个来源，结构是设计的基础，对形态结构和功能的研究是我们艺术设计的学科基础，不仅仅是专业基础，没有这个基础，我们的设计只能漂浮在所说的创意当中，那是非常表面化的。

图3-60 ▶

S

图3-61 曲线的螺旋结构

图3-62 曲线的螺旋结构

图3-63 曲线的螺旋结构

图3-64 曲线的螺旋结构

如果大家去过祖国的大西北，在那里会体会到一种很单纯的创生环境，仿佛回到祖先曾经面对过的创生阶段。大家通过观察自然形态会体会到最原创性的东西。

图3-61、3-62所示的这条蜿蜒的原始之路会让人想起王洛宾的音乐，那种淳朴自然的原创感，同时联想到蒙古族、藏族和黄土高原等地的原创音乐，大家在听阿宝歌唱时会体会到他的唱腔是曲线的、回转的、充满激情的，他的声音要绕过山岭，才能被山那边的情人听到，曲线方式在这里才能传播，是最有效的，民歌产生的地理环境决定了民歌的特点。东方的中国大陆是以黄土高原为中心形成的一套内陆文化系统，相对封闭。这和海洋文化是截然不同的，海洋文化有向外延伸的特点，信息用直线传播，简单、礴激、有力。西方文化是以地中海为中心生成的一套文化系统，古希腊人航海、打鱼、交易、运算、产生逻辑，西方文化是以这样一条线索发展下来；在高空观察长城（图3-63），会发现和黄河一样蜿蜒曲折，长城、黄河这两条曲线已注入我们中国人的心灵，铸就我们的思维是曲线的、螺旋的，使我们对自然事物有独特的认知感受（图3-64）。

我们在观察自然中的形态时很难发现直线，曲线形态能够把外部对事物的作用力有效地减弱，所以自然界中到处是曲线，曲线是事物成长的记录。

图3-65

图3-66

图3-67 高楼大厦通过螺旋的楼梯使上和下得到了连接

在植物的生长结构中，我们能观察到如花瓣的生长数目，菠萝表皮的双螺旋的数目符合斐波那契数列。从1开始数列中的每一个数是它前两个数之和：0，1，1，2，3，5，8，13，21……数列是概率的一个来源，在某一节点上出现一个数，这些数的排列有这样的规律。大家在生活中注意观察菠萝，菠萝表皮的双螺旋结构中，顺时针方向如果有13条螺旋线，那么逆时针方向不是8条就是21条，8和13条的没有13和21条的菠萝长得充分、成熟。同理，花瓣的数目越大，花开的就越充分，生命越旺盛（图3-65、3-66）。同理，楼越高大，其楼梯也就越丰富、多层（图3-67）。

我们在观察树木的年轮时也会发现，年轮的间距分布不是均匀向外扩展，有明显

图3-68

图3-69

图3-70

图3-71

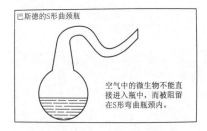

巴斯德的S形曲颈瓶

空气中的微生物不能直接进入瓶中,而被阻留在S形弯曲瓶颈内。

图3-72 把营养液放在S形曲颈瓶里,用煮沸的方法进行消毒处理,杀死里面可能存在的微生物。当外面的空气通过S形曲颈瓶的时候,空气中的微生物就被阻留在S形曲颈瓶颈内。这样,营养液就能长期保持清净,不易腐败。

的成组现象,有的连续几圈很紧密,有的较稀疏,我们可以借助考察年轮排列,来判断树木在生长时候的气候状况,是多雨还是干旱,气温是寒冷还是温暖,有没有发生什么意外的事件,这就是大自然留给我们的信息,让我们去破译(图3-68)。同样的道理,我们在做设计时,有没有有用的信息留给我们的使用者?有没有有趣的悬念引起他们的兴趣去破译?我们设计的结构能不能反映时代的特征、时代的气候,如果还不能,就细心地向自然学习,认真地把这门形态认知课学好。

迷宫的结构基本上是螺旋结构,所以要走出迷宫,只要一只手始终摸着一侧的墙走,就会走出去。生活中的迷宫也是如此,只要你掌握"迷宫"的结构再加上不懈的努力,就能走出任何迷宫(图3-69、3-70)。

台风是由发起中心向外螺旋产生的,台风的核心暴风眼是极静的,外部是极具摧毁力的飓风(图3-71)。在人类社会中也是同样的道理,最高的智慧是静,是空,是软。所谓"静而圣,动而王","内圣外王",如果一个人内心平静,外部行为也平静,就会像绵羊一样软弱。只有将动与静两个形态结合起来才能成功。中国历史上成功的统治者都有这样的特点,如果内外都活跃,例如项羽,就很难成为成功的统治者。

图3-73

图3-74 法国人鲍维斯发现，金字塔能三角形1/3处东西不坏

图3-75

图3-76

三角形、圆形、方形等这些基本的图形我们会在以后的平面构成中接触到，但我们在这里从起源上去分析他们，从发生学的角度去认知形态的结构。

（1）直线的三元形态。

三角形是直线的三元形态。

法国人鲍维斯发现金字塔能（图3-73、3-74），在金字塔的三分之一处东西不腐烂，这和三角形的结构有关，在金字塔的三分之一处空气处于缓慢的流动状态，和外界的物质交换很慢。如果交换得太快容易使物体迅速腐烂，例如东北人在冬天有腌酸菜的习惯，在往缸中码放白菜时要尽量放得整齐，白菜之间不留缝隙，最后上面还要压上一块大石头，这么做的目的就是使缸中的菜尽量与外界隔绝，如果不小心在腌渍的过程中混入了开水或混入了别的食物等杂质，那么整缸酸菜就会迅速腐烂掉不能食用。同样的道理，要使一个事物加速发展，就在他的组织结构中加入差异性的东西，例如我们在学习知识和做设计时，会有思维僵死的时候，这时就要迅速导入其他学科和专业的知识信息，改变自己的惯有思路，与以前产生差异，我们才能进步。相反要保留一种状态，就使他变得单一、纯粹。

我们买回来的大柿子往往不能马上吃，要存放几天，变软以后才能食用，在存放时如果我们把柿子和其他食物放在一起，如加入几个苹果，就会使柿子加速变软。

图3-77

因此，单纯的结构导致存放久远，正如一个广告所说"钻石恒久远，一颗永流传"，钻石的结构稳定，不易变化，黄金也一样，被用来象征爱情的长久，所以不能用白菜来象征爱情，那必定是"白菜不久远，马上就得烂"。东北人在形容一个人软弱无能时用"太菜"来形容，就是这个意思。

三角形在建筑中作为屋顶的基本结构被使用，当然功能上还有迅速排水的作用。人体结构和我们日常使用的工具中，三角形的结构到处可见（图3-75～3-81）。

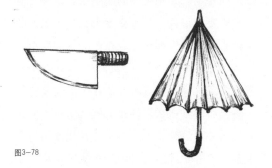

图3-78

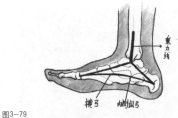

图3-79

图3-80

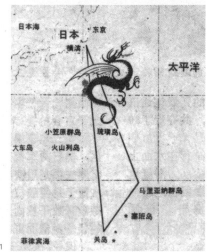

图3-81

图3-82

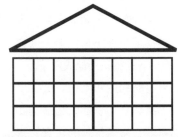

图3-83

图3-84

图3-85

图3-86

（2）直线的四元形态。

方形在生活中随处可见，建筑中使用的砖都是方形的。砖在构成墙体时互相排列的结构是相互交错的，我们抽象出基本型就是个"中"字（图3-82～3-84）。

中国的汉字又称为方块字，方形是汉字的基本结构，中国农业文明最早的制度叫做"井田制"，城市又称为"市井"，"井"和"田"都是网络结构，"井"字再加上个方形就是个九宫格。"田"字的产生就是对土地的划分，分割后就形成了村落、乡镇，城市就是最大的田（图3-85、3-86）。北京和西安的"田"字结构非常明显。当代的城市结构渐渐地变成图3-87所示的样子，彻底网络化，如果我们不加控制，整个地球以后就到处都这样，没有雪山、森林、喜马拉雅山。地球上有些无人触及的点，这些我们最好保留，不去打扰那里，地球是个生命体，人类存在历史太短暂无法去体会她的成长，我们要像对待生命一样对待她，如果她的身体有什么不良反应，人类将遭到灭顶之灾。

图3-87

图3-88

图3-91

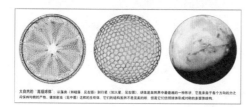

大自然的"高级球体",从藻类（如硅藻 见左图）到行星（如火星 见右图），球体是自然界中最普遍的一种形状，它是来自于各个方向的力之间保持均衡的产物。像放射虫（见中图）这样的生物体，它们的结构虽然不是完美的球体，但是它们仍按球体形成对称的多面体结构。

图3-89

图3-90

图3-92

（3）圆形也是一个重要的基础形态。我们观察会发现，植物的果实大都呈圆形（图3-88～3-90）。鸡蛋也是圆形的，圆形便于通过，受力均匀，不易破损。人的子宫、宇宙中的星体都是圆的。人在三十而立以后，身体和处事方法也向圆形发展，像鹅卵石一样，棱角渐渐被去掉，有棱角会影响他人，互相不协调。圆形能生存下来，一个人变成接近果实的形态，我们就认为他成熟了。

我们研究果实的构造和生长时会发现一些规律。椰子的结构和地球的结构最具相似性，椰子外部有筋、须等组织的包裹，落地时有缓冲的作用，向内是相对光滑坚硬的硬壳，再向内是软组织，白色的瓤，最内是椰汁（图3-91）。同样的结构，地球外部有大气保护，地表也有一个硬壳，即地壳，内部也是充满软体——石油、水、岩浆。

我们在形态认知这门课中，重点要把握的一点就是：我们在认知清楚一个形态的结构以后，和他相似的形态结构就一样被破解和把握，当我们清楚地理解了一个问题，就会破解世界的问题。

蒲公英果实的整体形态结构是球形（图3-92），单元结构是三角形（一个个果实的枝架），观察西瓜瓤的截面结构也是三角形的，结构以三角形为基础，向两边围拢，西瓜子就长在曲线的涡中（图3-93）。弯曲的结构和羊角的构造是一样的，羊长的越成熟越健康，羊角的弯曲就越完整，完整象征吉

图3-93 西瓜瓤结构

图3-94

图3-95 蒙古包

祥，羊角弯曲的抽象形态是中国典型的吉祥图案。圆形象征着完满吉祥，现在东北人的流行语中，说明成功的完成一件事叫做"欧了"，即"OK"的地缘化，"O"就是完满，一个句号，一个大团圆。

蒲公英以三角形为基础构造了一个球体，构造是很复杂的，大自然这位设计师是很了不起的。如果我们要构筑圆形的建筑，设计球形形态的产品就要模仿这一结构。

如果我们到塞外会看到植物的形态成包状生长（图3-94），球形有保护的功能，能保存水分，抵抗寒风。同样的道理，我们在寒冷的环境中会自然地把身体缩成一团，在炎热的环境中睡觉，自然会把身体展开，成放射状，便于散热。蒙古草原上牧民的建筑也是圆的，叫做"蒙古包"（图3-95），方形的结构容易倒塌，圆形能分解风力。当蒙古人深入到武夷山区时，为了不受当地人的侵扰，也建起了和蒙古包相似的圆形建筑（图3-96、3-97）。在黄土高原，人们居住的是窑洞，就是挖穴；长江流域人们把房屋支起来，筑成巢。北方住穴，南方住巢，这是巢穴的来源，可见，地理环境的不同是各地产生不同建筑形态的一个主要原因。

图3-96 福建的圆形建筑

图3-97

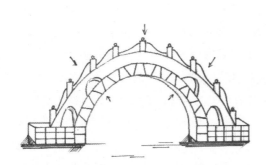

图3-98 半圆形的结构（拱形结构），它同圆形是一样的不易损坏。

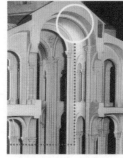

图3-99 图中呈现出白工蚁如何建造"蚁后房"，白工蚁们按照蚁后分泌出的物质，即外激素的"化学拱形"，能够成功地创造出一个建筑形式，它和下图所示的罗马建筑的拱形结构一模一样。

图3-100 石桥的拱形结构

原子弹在爆炸后生成云的形态与日常见到的蘑菇相似，被称为"蘑菇云"，为什么两个看起来毫不相干的事物，形态结构却如此相似，当然是有原因的，这样的形态是能量快速释放时所产生的。蘑菇往往生长在死去的植物上，如枯木，在森林中树一旦被风吹倒或被雷劈断，树木落在地上，如果不能快速的消解掉，就会影响其他植物生长，这时蘑菇利用枯木的营养迅速生长，蘑菇生长速度是惊人的，它能把枯木快速分解，原子弹的爆炸也是巨大能量迅速释放，所以产生的云与蘑菇的形态相似（图3-101、3-102）。

力的形式　　　　　蘑菇剖面　　　　　水的喷射外形　　　吉祥图案　　　吉祥图案——水拱云

图3-101

图3-102 原子弹爆炸后产生的"蘑菇"云与蘑菇的形态非常近似。

第二节　形态功能

图3-103

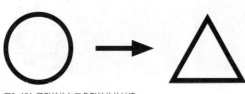

图3-104 圆形结构向三角形结构的过渡
亲情功能的逐渐丧失　和平——战争

形态的功能是形态诸要素活动的次序。形态的效应是由形态的功能决定的，结构决定功能，但结构的产生和存在依赖于功能，新结构的起源主要是基于功能的改变。

图3-103所示是几组对比，左面一行和右面一行的联系用抽象符号来表示就是圆形向三角形的过渡（图3-104）。圆形给人以和平、可爱的感觉，小鸡、小狗、小孩圆乎乎的，圆是胚胎的一种记忆。三角形有进攻性，不易让人接近，所以右面一行具有三角形特征的大鸟、大狗、成人就失去了那种可爱的感觉。我们看见小猫、小狗有想要去抚摸的冲动，人类有回到宇宙大爆炸起点的深层记忆，大爆炸起点就是圆。

这里就涉及了形态的转化，生物的成长就是形态的转化过程，这对设计有很多启发性，大家看看阿莱西公司设计的产品，就会感觉到他们的产品非常幼稚可爱，幼稚化设计就是亲切设计，圆形设计，他们的产品基本上是圆乎乎的，幽默的，让人想摸，想抱，想占有，想购买。当圆形向三角形过渡时，亲情感逐渐丧失。现在设计中被人们所青睐的娱乐化设计，人性化设计就是要创造亲情，要抓住这种感觉就必须研究形态。非亲情性的形态是不可爱的，当然没人购买，会被放弃，所以大家观察，大街小巷的流浪猫流浪狗都是成年的、老的，没有小的，如果有的话，也会迅速被人捡回家。

北极狐
Alopex lagopus
体长 46~75 厘米
尾长 26~43 厘米

北非淡狐
Vulpes pallida
体长 40~50 厘米
尾长 25~38 厘米

美洲伶狐
Vulpes velox
体长 42~54 厘米　尾长 22~32 厘米

① ② ③ ④

耼狐
Vulpes zerda
体长 35~40 厘米
尾长 19~21 厘米

· 生活在越北方的狐耳越小，生活
在越南方的狐耳越大。这是因为在
寒冷地带的狐需散发出更少的体温，
故耳朵变得很小。

图3-105

图3-106

　　相同的物种在不同的地理环境形态上有巨大的差异。在长年寒冷地区生活的动物与它们在热带地区生活的亲戚相比有耳朵小，鼻子小，眼睛小，脂肪多等特点（图3-105、3-106）。印度人普遍眼睛大，鼻孔大，嘴大；爱斯基摩人正相反。同样在不同地区，人们衣食住行的构造也有很大别别。东北人做菜的锅大而深，适合做炖菜，锅深热量不易散发；南方习惯炒菜，锅小而平，凉得快，都和环境有关。通过形态功能的分析能帮助我们判断动物是生活在北方还是南方。

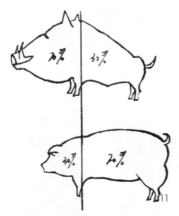

图3-107

图3-108　1.由猿到人　2.由人到虚拟人　新结构的起源基于功能的改变。

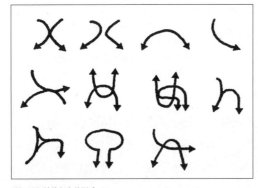

图3-109　结构与力的形式

野猪被圈养以后，进攻性丧失，随之结构也发生变化，三角形的结构慢慢转化为圆形，把家猪和野猪的形态进行对比，会发现家猪被驯化后有很大的功能的变化，野猪的吻部细长，鬃毛竖立，腿也很细，这是在野外经常奔跑，自己掘地拱食所形成的特征；家猪体态肥胖浑圆，憨厚可爱，是人吃肉的欲望的期待。这一变化是人类驯化的结果，野猪头大身小，青面獠牙具有进攻性；家猪头小身体比例大，能更多地为人类提供肉，头身的比例结构变化满足人的需求（图3-107）。

人的手和脚在进化中也越来越小、越短，人类已经不需要像猿猴一样在森林中攀行，手脚自然会变得短小，尤其一些脑力工作者，整个身体都向短、粗、胖方向发展（图3-108）。

图3-109是一些椅子的功能设想图，有四平八稳的，侧放的，不稳定的，多向度的等等，所以大家在做设计创意时，要表达出来，画出来的是功能与结构，图中基本的几条线在探讨的就是功能与结构，是使用方式，这才是我们要思考的创意所在。大家在看大师所绘的草图时就会发现，他们在思考的是功能与结构，不是修饰的，眼前的，具象的，好看的，日常的，而是用线在捕捉最基本的感觉，如果我要一个休闲的椅子，能够躺下来的，那么，这些椅子的功能就达到了效果。

不同的时代有不同的椅子，不同的椅子是结构在变化，我们熟悉的有明代的、清代的、现代主义的、后现代的等等（图3-110、3-111）。它们之间有很大的变化，它们适合不同的需求。我们经常设计这样的椅子，一个固定的结构，我们设计中要思考结构的变化，功能的变化。不变化的椅子太多了，不需要设计。

我们在研究结构时，应该发散性在构思阶段，把我们所了解到的同构的事物排列起来，从中找到能被我们设计所用的结构，把这一结构赋予功能，这样设计就完成了。

在以前，水杯或瓶子的螺帽起码要三扣，现在我们使用的矿泉水瓶只用一扣，这样的开启方式节省时间，是扁平化的结构（图3-112）。笔帽的结构也一样，只要一压一拔就完成了闭与开，如果要拧就浪费时间。这些都是随着社会日常生活的功能要求而促使形态结构发生变化。当代是移动社会，我们的设计要做移动化的形态结构来适应当今社会的移动化形态功能，如果我们不懂其中的道理，我们的设计就是丑的，不能用的，大家不接受的。相反，我们理解其中的道理，就能成为有用的一流设计师。

形态结构、功能的分析会使我们把很多相似性的事物联系起来，通过一个事物能了解另一个事物，我们通过形态结构和功能的相似性，可以再造新的结构，并赋予新的功能，能够解决很多不易解决的问题。

图3-110

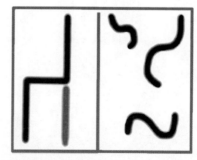

图3-111 日常生活的形态功能变化使椅子的形态结构发生变化，从四平八稳的坐姿变成倾斜摇摆的休闲坐姿。

图3-112

收缩结构的自然人化形态

图3-113 一棵被雷电劈断的大树，呈现为兔的形态，一只小兔来到其下，形成了两只兔子的同构———只偶然的兔子和一只真正的兔子。

图3-114 六个小娃共用三个头、三只手、三双脚，产生了同构。

第三节　形态同构

　　世界万物的形态之间存在着相似性，这种存在使物与物之间的互相交换成为可能。而且，物与事，物与情都存在相似性的联系。因此，物、事、情之间就有了桥梁，可以沟通，相互表达。这就是形态同构（图3-113、3-114）。

　　形态同构为我们表达情感增加了简洁性和方便性。比如：当秋天来临，天气变冷，寒风吹落了树叶飘到我们的脸上，你不由得会感到一阵惆怅，会怀念起夏日里暖暖的美好时光。为了这美好的时光，我们要好好去做事，忍受寒冷，等待明年夏天的到来。这样的场景在文学作品里往往是表达失落、失恋或悲伤的心情。因此，自然季节的变化和人的情绪的变化是同构的。所谓"一叶知秋"不仅仅表达了秋天的到来，同时也表达了"明察秋毫"的人的心态。

　　自然季节的变化是物的规律（物理），人的心情的变化是情的规律（情理），做事的好坏是事的规律（事理）。"物理"、"事理"、"情理"的同构是形态创意的基础。

　　格式塔心理学派就特别重视无生命事物的"物理"与"事理"、"情理"的同构。如季节、山脉、云彩、大海、小溪、枝条和花朵等。它们在不同条件下变化出来的表象，都传达了人的某种内在的情感和心境，都具有表现性。如中国古诗中说："春山澹冶而

图3-115

如笑，夏山苍翠而如滴，秋山明净而如妆，冬山惨淡而如睡。"就是通过大自然的季节变化与人的内在情感生活的联系，从而沟通了自然与心灵这两个不同的世界，传达出了人的情感生活的跌宕起伏的变化。

人的躯体、动作、装饰以及大自然的种种物的律动与人的心灵律动的沟通，使主客协调，物我同一，因此，人类是以人体最重要的器官形象对应万物的形态，所谓"大头阶段"就是人类最基本形态上的形态识别意识（图3-115~3-118）。

世界上事物的表现都具有力的结构，上升和下降、左与右、凸与凹、统治和服从、软弱与坚强、和谐与混乱、前进与退让等等，这些感性形式实际上也是一切存在物的基本存在形式（图3-119~3-126）。

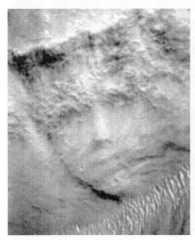

图3-116 发现类似国王面孔的火星奇异地貌，人类以自我形象观看事物。

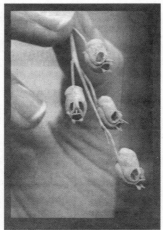

图3-117 一个自然植物其形态正好与人头骨同构。

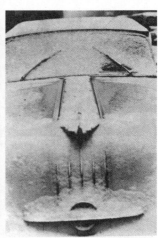

3-118 一辆汽车的前面正好同构于人脸的形态。

图3-119 图中每一个物的存在都是由其他物构成的，而不是独立存在的：黑与白、我和你、人与物都是被同构着。

图3-120 当观看此图时，你会发生茫然，是鸭子？还是兔子？一个共同的头部左右了你的判断。鸭子和兔子的形态同构。

　　物理世界和心理世界的质料是不同的，但其力的结构可以是相同的。当物理世界与心理世界的力的结构相对应而可沟通时，那么就进入到了身心和谐、物我同一的境界。这和"天人合一"的东方观念相吻合，庄子"齐物论"说的就是人与万物、内心世界与外部世界的同构，是类与类之间的光顾，为生物链的完整作保证。形态同构为形态转化提供了手段（图3-127～3-144）。

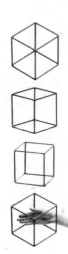

图3-121 立方框架的四个图形看上去各不相同，最上面好像是平面六边形；第二个可以看成立体；第三个的角度暗示出它是立体的；最后一个实际上和第一个完全一样，但手一插进去，便立即获得了深度感。

图3-122 毕加索的立体主义作品，把一个侧面的头与正面的头拼合在一起，两个角度的形态可以同时观看。

图3-123 美丽少女与丑妇同构在一起，看你从哪个角度去欣赏。

图3-124 快门捕捉了两个人拥抱的瞬间，两个人的头部正好同构在一起，形成一个头部的幻象。

图3-125 上面图中水鸟在吃食物，下面图中水鸟的身体变成了小岛，脚变成了树木，头部是一条大鱼，嘴变成了小船。上下的变化导致完全不一样的结果。

图3-126 当前后两个人的头部形成一致时就产生了同构，像一个人一样。

图3-127 双头骆驼

这种双头骆驼影子的视觉能够出现，是因为缺乏轮廓线的缘故。但脑能利用两个拖动的犁反向而行的暗示来证实它的猜想：照片仅仅表示出前进方向不同的两只骆驼，此时相遇在一起，互相擦肩而过，形成形态同构。

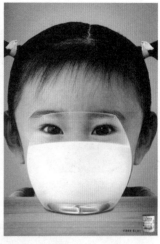

图3-129 标牌中的张嘴女孩被走过标牌下的男孩所利用。因为男孩头顶一个装着吃的东西的托盘，正好在女孩嘴的部位，形成吃的感觉。

图3-128 是铁塔的一脚，还是女人的内衣。两者同构于一身。看你如何取舍。

图3-130

图3-131 一杯牛奶，还是一个口罩。如果你站在吃的角度它是牛奶，如果你站在保护健康的角度它是口罩。

图3-132

图3-133

图3-134 近处人的嘴正好与远处警察的嘴相交，这是远与近在时间上的同构。

图3-135 一个弯腰人的胳膊正好与招牌上可乐瓶相交，同构了喝可乐的姿势。

图3-136 一个人看着人体画册，另一个人正好走到这里，他的头部正好与画册中的人体躯干相交形成同构。

图3-137

图3-138

图3-139 一朵云彩正好漂浮于雕塑吹的喇叭口前，形成喇叭吹出气团的假象，可以想象生活中的巧合是同构原理的作用。

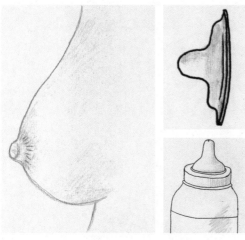

图3-140 人乳与哺乳瓶口的相似性，使人乳哺育转换为牛乳哺育，乳头与奶嘴具有同构功能。

图3-141 盔甲与乌龟壳同样具有保护功能，属功能同构。

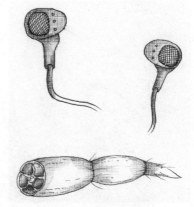

图3-142 莲藕的结构与耳塞的结构相似。

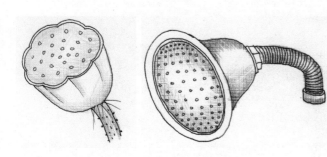

图3-143 莲蓬的结构与喷嘴的结构相似，人化形态同构了自然形态。

图3-144

第四章
形态转化

第一节　形态转化

形态转化主要围绕形态的结构和功能进行。形态转化是创意的基础和形成的方法。

分析一个设计要追溯到它以前的发生状态。例如锯的发明，虽然是一个故事，但它可以带我们回到锯子产生的那一个场景当中：叶子三角形排列的边缘把鲁班的腿划破，鲁班观察到叶子的边缘结构与皮肤之间的关系，再把这一关系运用到后来的锯与木材之间，由此发明了锯。这一发明关键在于锯与叶子的边缘有相同的三角形结构，即叶子边缘结构与三角形态同构。三角形形态具有进攻性，可以分割物体。当一个自然形态的结构转化为一个人化形态的结构，把草的叶片转化成铁的叶片，运用了同构的原理，锯就创造出来了，设计就产生了（图4-1）。

图4-1　鲁班发明锯

在西方，达·芬奇不仅仅是一个非常重要的艺术家，同时也是一个科学家。自古人类就向往像鸟一样飞翔并付诸实践，在达·芬奇之前早就有人模仿鸟的形态从高处跳下向前"飞翔"。人类加上翅膀，像鸟一样飞翔，这可能是模仿自然形态最早的想法和做法（图4-2）。

达·芬奇

人们有时形容这位意大利人达·芬奇（1452-1519）是"通人"。这是文艺复兴时期人们对一个多才多艺者最理想的称颂。达·芬奇不但是一个画家和雕塑家，他还对解剖学、建筑学、天文学、植物学和科学有广泛、深厚的知识。

达·芬奇远远走在时代尖端，设计了一些奇特的机器，如坦克车、降落伞和飞机（上图）。

图4-2

图4-3

图4-4

达尔文所作的《进化论》，是通过研究生物构造与自然形态关系所得出的结果。进化是不断的演化。从生到死，从一种形态转化为另一种形态。

森林是一个生物圈（图4-3），当中有很多条食物链，它们互相交错。草原和海洋也一样，"大鱼吃小鱼，小鱼吃虾米，虾米吃泥巴"，泥巴中有微生物，这些微生物又是由那些大鱼小鱼分解而来的，这样一个循环下来，形成一个圆环形。小孩玩的兽棋游戏也是这样一个结构，最小的可以吃掉最大的，食物链底端的老鼠是百兽之王大象的克星，游戏的规则就是食物链的循环。陕西华南虎事件可以通过生物圈的原理判断真伪，因为一只虎的生存要相应的有多少头野山羊、野兔和一定面积的深林等的存在，它们之间存在一种配置关系，其中一项不符合指标，就能判断是否有虎的存在。

由食物链的结构关系大家可以想象，如果我们吃了被污染的食品，最终会影响到我们身体的健康，有害物质从食物链的最底端向上转化，在转化的过程中有害物质还会被放大。中国有句成语"螳螂捕蝉，黄雀在后"，就很好地说明了生物之间的相互关系（图4-4）。

下面，以水的形态和蚕的形态变化来说明形态转化的关系。

1.水的形态。

任何生物都离不开水，水比食物还重要，水经常被人们用来作为测量的物质，0摄氏度是水结冰的温度，呈现为固态；100摄氏度是水蒸发的温度，呈现为气态；0摄氏度以上到100摄氏度的水是流动的，呈现为液态。水的三种形态代表了我们生活中接触到任何物质存在的三种形态。水的固态——冰，比较坚硬，这种状态可表示封存，如雪藏。固态到液态，表明了温度的上升，比喻物质的复苏，变得活跃了，冰化了，春暖花开。液态到气态的沸腾比喻为成熟、提升。可见种种比喻和水的关系很密切，尤其我们中国人要评价一个人某方面的能力强，就会说他"有水平"，表明中国人对水的重视，水变成了一个衡量标准（图4-5）。

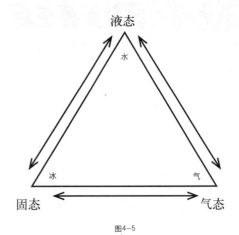

液态

水

冰   气

固态   气态

图4-5

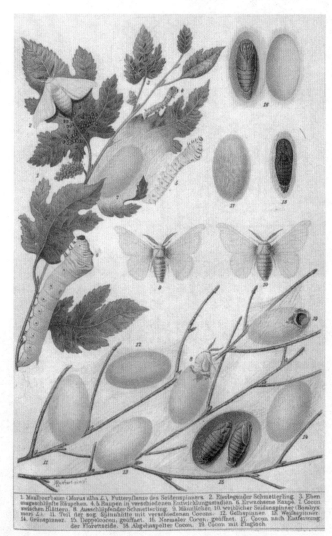

1. Maulbeerbaum (Morus alba L.), Futterpflanze des Seidenspinners. 2. Eierlegender Schmetterling. 3. Eben ausgeschlüpfte Räupchen. 4. 5. Raupen in verschiedenen Entwicklungsstadien. 6. Erwachsene Raupe. 7. Cocon zwischen Blättern. 8. Ausschlüpfender Schmetterling. 9. Männlicher, 10. weiblicher Seidenspinner (Bombyx mori L.). 11. Teil der sog. Spinnhütte mit verschiedenen Cocons. 12. Gelbspinner. 13. Weißspinner. 14. Grünspinner. 15. Doppelcocon, geöffnet. 16. Normaler Cocon, geöffnet. 17. Cocon nach Entfernung der Florettseide. 18. Abgehaspelter Cocon. 19. Cocon mit Flugloch.

图4-6

2. 蛹的形态。

蝴蝶的一生是比较有代表性的，它有三个阶段，一种是虫子时代，身体软软的像水的液态；第二阶段蛹，是把自己封存固定起来；最后到飞翔阶段的蝴蝶。和水的三种状态非常相似，每一个阶段都有一个特征，而这三种状态又是相互连续转换的（图4-6、4-7）。

在文学作品中大家熟悉的《梁山伯与祝英台》，这一文本已转化成各种文化艺术的表达形式：电影、舞蹈、音乐等，这一文本又被称为《化蝶》，作品最后主人公为什么双双化蝶可以飞翔？因为气态物质自由度大。大家看到鸟儿在空中飞翔都很羡慕和向往，看到白云飘荡，也会让人心旷神怡，这些都是来源于人们心里的形态转化。梁祝之所以采用化蝶作为结局，是比喻主人公已经冲破封建礼教的束缚，成为自由的形态，完成美满的愿望。如果感到被束缚的话，这时你看看蓝天、白云、鸟儿，你的心情会得到宽慰，这就是艺术创作的目的，都是与形态的转化有关的。

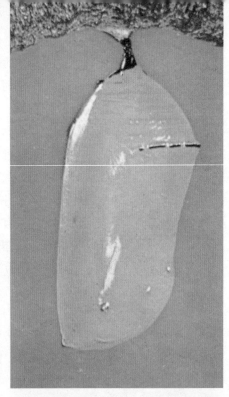

图4-7 大峡蝶从毛毛虫形态经过蝶蛹变成成虫的整个形态转化过程。

当该放弃的已在昨天斑驳落尽，
就要经历一个重要的过程—羽化
一切默默发生了……

图4-8

图4-9

　图4-8这一案例的创意就来自上述形态特征的转化，以此来比喻这一公司的发生，发展最后羽化（腾飞上升）的愿望，形态使用蛹、蛾的飞翔功能。

　右面是一家保险公司的广告，转化的是茧的另外一种特征：茧的保护功能。两个案例还是有区别的。第一个案例是想表达公司的发展、成熟是从自然一步步生长出来的。第二个案例主要想表达的是保险公司的功能是保护，风雪飘摇的夜晚，保护作用就显得非常重要（图4-9）。这几个例子都从自然形态的结构和功能转化而来，所以说结构和功能是非常重要的，这样的传达，信息接收者都能明白，都看得懂，这样的创意简单有效，合情合理（图4-10）。

　如果我们的创意没有结构和功能转化的基础，就没有逻辑和根据，这样的创意也就会莫名其妙，不能有效地传达。没有结构和功能的基础，我们的创意就是扎猛子、抖机灵，所说的灵光一现，但灵光并不能总光顾我们。形态认知的基础就是要我们能够发现、分析、转化，使用我们所能认知到的形态结构和功能，这样的创意是水到渠成的，是能不断生长出来的。

Our transformation has

been just as remarkable

These days, British Aerospace is an even more attractive organisation to do business with.

We've extended our infrastructure into several related areas of engineering and complementary services.

Our main activities now include commercial aircraft, defence systems, motor vehicles, property development and construction.

So we can offer an even greater bank of personal skills, experience and resources for solo, co-ordinated or consortium projects.

This means that apart from providing you with the world's quietest airliner, we can build the airport from which it operates.

And not only providing highly acclaimed cars but also the working and leisure environment which is part of the driver's lifestyle.

British Aerospace is responding positively to market needs on a world scale. And has acquired the muscle to ensure that it can meet with total confidence whatever challenges present themselves.

When British Aerospace spreads its wings, the world draws its breath.

British Aerospace plc, 11 Strand, London WC2N 5JT.

图4—10

图4-11

五行是东方人对世界理解的抽象，最能说明形态转化的方式（图4-11）。同一时期西方人有四元素说，如《神奇四侠》、《第五元素》等电影的文本就是四元素说。五行是相生相克的，由此可以想到，世界上没有垃圾和废物，就像中国的麻将牌一样，上家不需要的牌，可能是下家最需要的，重要的是在于怎样构成的，按照后现代主义的思想，在不同语境下，垃圾会变成有用处的，金子可能会变成垃圾。比如，对于在戈壁沙漠中饥渴的人来说，黄金就不重要了，西瓜非常重要，它能帮助人生存下去。同理，图像色彩也没有好坏，重要的是在什么样的环境下去使用。从生物链的构成来说，每个人、每个角色都是重要的，所以中国人的五行思想是重要的，是流动的，中心的，变化的。《易经》就是变化的经书，中国人喜欢研究变化，即事物之间如何转化。如果把世界看成是由五种元素构成的，那么我们的设计就是合理地组织这五种元素，比如我们的教室就是由金、木、水、火、土五种材料构成的，就看我们怎样组织它们，如果搭配得好，就是好的设计。如果是广告促销设计，就是要如何组织好市场、消费者，产品之间的关系。

下面通过一些具体的形态转化案例进行深入说明：

时空的转换：测量宇航员在不同时空下的变化，发现人到太空以后，由于重力的失去，人体会产生变形，在海洋中也一样，不同的水下深度，在各层生活的物种形态各异，1000米以下的海洋动物身体有柔软、流动的特征，身体呈黏糊状，这样的身体结构适应它们所生活环境的压力和海水密度。我们通常见到的生物都是在地球表面，如果改变了环境到太空，海里或地下生物的形态就会发生转变，来符合周围的环境产生与地表生物不同的形态。

图4-12 此图记述了人们在摆脱地球引力而快速运动的瞬间变化。

从地表到地下，再到地球的深层，各层的物质形态是不一样的，拿木材、煤矿和石油来说，一层层的深入，也是一个转换过程。人们最早开发的是木材，然后是煤，接下来是石油，人们在使用石油产品时就相应地会出现一些古代不存在问题，如环境的污染等，因为人与石油相距较远，石油存在的环境密度与地表相差太大，转化的跨度较大，所以使用时会对人体有更大危害。人在煤的污染下可能会得肺结核病，人类科技基本可以治愈，而石油产品出来以后，诱发人产生很多当代难以治疗的疾病。

人在非常规的状态下（图4-12），例如运动员在跳起的一瞬间，他们的身体和表情与平常相差很大，产生了变形，要承受一些特殊的力，如重力、阻力、压力等，这都是形态的转化，这就提示我们，在特定的环境下设计的形态要进行相应的转化。

1.观念形态转化。

我们现在的企业公司也面临核心概念的转化，从最早的军官型转化到交警再到治安员，权力越来越散，向扁平化发展。在军队中，军官对别人的管制是非常严格的，转化到交警时是指挥员，权力相对减小，再到治安员时就与百姓没什么太大差别了。公司的经营理念从军官到治安员的转变是适应时代变化的需要。

2.钻石、泥巴。

钻石是结晶体结构最完美的物质形态，而泥巴则是最普通的无定形的物质形态。典型的西方式组织形态是"结晶体"，棱角清楚明确，每一个"面"各有它的形状，面与面之间有明显的连接处——角色与责任规定得相当明确，组织内不同单位的界线划分得相当清楚，各单位之间的关系明白而固定。对比之下，日本的企业组织比较像泥巴形态，它们的结构模糊、责任与功能的划分不明确，而且常常处于变动状态。这样，泥巴形态可以轻易塑造及改变形状，对于外来力量与外在环境具有弹性调适与反应的能力（图4-13）。

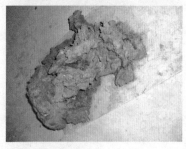

图4-13 钻石、泥巴

3.色彩的转化。

色彩的转化有效地说明上班前到进入工作后的状态变化，从左至右依次黄色代表刚起床，红色代表吃完早餐，蓝色代表上班的路上，到了右边实际形象是完全进入工作状态，是利用剪影和色彩的转换来说明这一过程的。我们在看历史题材的影片时，过去的事情常常用黑白来表达，而现在的事情则用彩色表达，未来用更艳丽的色彩来表现。这是用色彩来表达不同时空的转化的案例（图4-14）。

图4-14

由此可见，前几章所介绍的形态结构和功能是非常重要的。我们以前的设计创意虽然经常使用这些方法，但没有把它们抽象出来进行专门的深入研究。这一抽象会导致我们的研究变得更理性，以前的设计教育是靠感性的，现在我们一旦把形态的结构和功能抽象出来抓住，我们就能破译设计创意的根本。

现代主义阶段的设计，整体上是围绕功能来进行的，这是现代主义的核心。在西方有结构主义阶段和功能主义阶段，形态的结构和功能便是它们的基础，结构和功能是人类最重要的发现之一，其他动物不能发现这些，所以它们只能在原始的水平上，不能像人这样取得长足的进步。蒙德理安、康定斯基、马勒维奇等抽象出来的点、线、面和方格子还有色彩，就是人类以视觉角度从自然形态当中抽象出来的结构，一旦视觉结构被抽象化，人类才有了突飞猛进的发展，20世纪是人类发展最快的一个世纪与此有关。

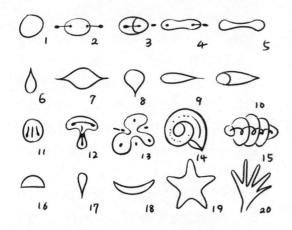

1、2、3、4、5、9、10	水平力的变化
6、8、12	垂直力的变化
12、13、19、20	成长力的变化
7、11、14、15	旋转力的变化
16、17、18	

图4-15

图4-16

第二节　形态结构转化

　　利用原形态的结构和功能，创造新的形态。

　　结构变化的图像：图4-15的第一行是圆的水平变化，圆的水平变化会出现各种形态，拓扑学的形态根本要素就是圆，人和其他动物，如小蝌蚪的最初形态是一样的。在变化过程中有几个力在起作用，水平力、垂直力、螺旋力，成长就是在这些力的作用下的发展变化。在某一阶段主要受水平力或者垂直力作用，例如在这一阶段学习一个专业，在这一领域内作研究（垂直力的变化），但达到一定阶段后，就要进入开放性的发展（水平力的变化），进行多方面的学习，两个力的合力就是旋转力，复杂阶段是开放阶段，在垂直力阶段较简单，只是在一个方向上，在水平力阶段出现复杂性，产生多方向性。人发展到一定阶段要受到螺旋力的影响，这样的发展呈现开放的丰富性。

　　我们刚刚出生时都是一个圆，随着成长，在不同力的作用下，变得复杂，包括身体形态与思维形态，导致我们最后变成是"英雄"或"坏蛋"，人就是力的发展。

莲花的结构能承受一定的力，建筑的一些结构都来自于此，很多封闭结构都与莲花有关。王莲的圆叶可以承托一个小孩，三角形就不行，由此大家可以发现自然界中植物的果实绝大多数呈圆球形，如西瓜、榴莲、大米等，就因为圆形有保存性（图4-16～4-25）。

图4-17

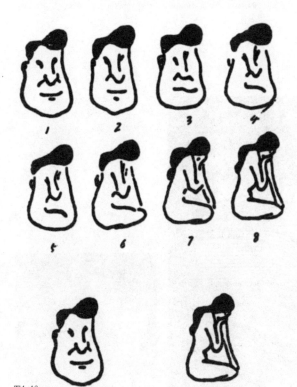

图4-18

图4-19

图4-20 蒲公英的种子为了扎根更好的地方，而创造了能够滑翔的结构，人们便把它的结构转化为降落伞。

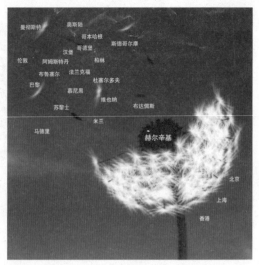

图4-21 如蒲公英的种子一样，从赫尔辛基到达世界各地。

图4-22 大象鼻子的升缩结构转化为能够伸缩变化的座灯结构

图4-23 欧洲共同体总部大厦的十字形态建筑。十字形态是基督教的符号，也是欧洲各国的代表标志。

图4-24

Ganz oben treffen Sie immer öfter auf einen Namen, der absolute Perfektion gewährleistet – alwitra.

Die alwitra Flachdach Systeme sind innovative High-Tec Lösungen mit universellen Einsatzmöglichkeiten für Architekten, Handwerker, Bauherren und Unternehmer. Vierzig Millionen Quadratmeter alwitra zwischen New York und Tokio sind der beste Beweis für unser Know-how.

Die Highlights: Evalon und Evalastic S. Hochwertige Kunststoffe, ökologisch verträglich mit optimalen Eigenschaften. Homogen verschweissbar, wasserdicht und diffusionsoffen. Selbstverständlich durchwurzelungsfest

und bitumenkompatibel sowie strahlensicher und witterungsbeständig. Und damit auf Ihrem Dach auf Dauer alles dicht bleibt und alles seine Ordnung hat, bietet Ihnen alwitra ein komplettes Dachgestaltungssystem für Neubau und Sanierung. Logisch aufeinander abgestimmt und individuell kombinierbar.

Wenn Sie jetzt ganz oben auf Nummer Sicher gehen wollen, rufen Sie einfach an oder senden Sie uns Ihre Visitenkarte. Unser umfangreiches Infomaterial kommt sofort.

图4—25

水分子结构与鸟巢结构及蛋结构的转化。

鸟巢搭建于北京，然后下了一个蛋（国家大剧院），中华民族智慧水平通过水立方得以展现。这些都用了自然形态的转化（图4-26～4-35）。

图4-26 鸟巢俯视图

图4-27 国家大剧院

图4-28 水立方局部

形态结构转化案例。

图4-29 不同环节扣在一起变成合力,一个环节脱落就没有了整体,组织的力量是非常重要的,每项都强不一定好,只有各部分搭配的结构合理才是有效的。"木桶的原理"说明结构与功能的一致性

图4-30 肃穆的蜡烛与烟雾形态被转化为坟碑和人头形态,表达生命的消逝有如蜡烛的燃烧殆尽。

图4-31 这是一幅飘忽缭绕、羽化飞升的画面,可以看到,少女的身体变成羽翼形态,再由羽翼形态向气体形态转化。

图4-32

图4-33 随着不同椅子的变迁，转化出地位高低的不同

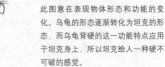

此图意在表现物体形态和功能的变化。乌龟的形态逐渐转化为坦克的形态，而乌龟背硬的这一功能特点应用于坦克身上，所以坦克给人一种硬不可破的感觉。

图4-34

图4-35 随着烟屁股的转化（加大）说明可吸烟的减少。

第三节　形态功能转化

功能与结构有时候是一体的，不同的文化、地域、心理转换是不一样的，受网络文化的影响，当代大家在同一时间不同的角落都能得到相同的信息，东西方差异越来越小。

火药是中国古人的四大发明之一，火药有爆炸性，能摧毁事物，同时在爆炸时发出声音，在节庆时能给人带来喜庆。

作为中国人节日当中不可缺少的一部分，爆炸声能发泄一种情绪，带来一种娱乐，中国人使用了火药的声音功能（图4-36）。西方人把火药的破坏功能发挥出来，导致了船坚炮利（图4-37），这两种结果完全不同。这就是看我们怎样使用火药，这也是我们国家近代史上落后挨打的一个原因。

图4-36

图4-37

从人文关怀到可持续发展的观念都是产品功能转化的主题，比如娱乐就是最重要的功能手段，通过娱乐，放松人们紧张的神经，恢复人类基本的心态（图4-38、4-39）。再利用可使垃圾化的事物重新成为可用的物件（图4-41）。

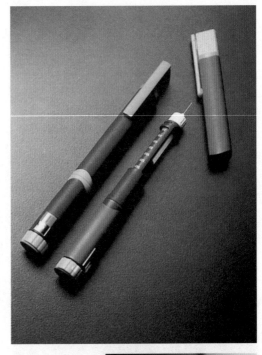

图4-38 左面是欢快的儿童形象，随着逐渐向右的转化，形成了痛苦的儿童形象。

图4-40 风扇使人凉爽的形态功能转化为可口可乐饮料的解渴功能。

图4-39 1991年，由世界领先的胰岛素生产厂家制造的一款笔式注射器。这一设计简化了日常的注射方法，不仅可以方便患者的使用，而且也会使病人有一种被关怀的感觉。

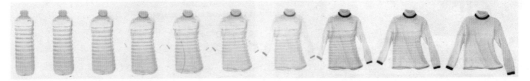

图4-41 据说十个矿泉水瓶可以转化为一件毛衣。

万宝路香烟的品牌形象是美国牛仔，万宝路之所以选择这一形象代言，是因为牛仔代表美国20世纪探险的那一段历史，现在牛仔精神具有世界性，大多数人都穿牛仔裤。随着市场环境的变化，这一品牌形象到香港不太被接受，这时万宝路的品牌推广就要转换一个形象，由牛仔形象变成了牧场主形象，这一形象符合香港人对生活的理解。到了日本又有了变化，转化成了牧童，因为日本人更崇尚自然，喜欢田园牧歌的境界。其实这三者是有非常紧密的联系的，都和放牧有关，这一案例对我们的设计有很好的提示作用，一个品牌形象从一个地区到另一个地区，要做合理的结构和功能的转化，这样才能被接受，信息才能有效地传达、推广（图4-42）。

　　"七喜"的品牌形象在中国是经过转化的。七喜在美国是魔鬼的形象，美国人接受这一形象，把魔鬼喝掉是很有意思的，魔鬼到中国转化成了"七喜"，把品牌地缘化，原来的核心概念不变，但外在转化成了可以接受的形象。

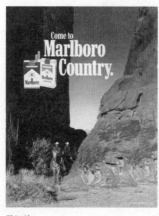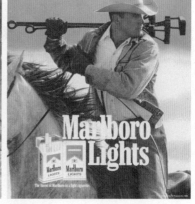

图4-42

图4-43

东西方对蝗虫的看法是不一样的，东方人把蝗虫看成是害虫，是邪恶的（图4-43）。西方人按照功能进行客观划分。东方人先把蝗虫情感化了，认为是有害的，没有对其进行结构和功能的深入研究，而直接上升到情感。中国与西方的大百科全书是不一样的，中国把很多东西都拟人化，例如《山海经》与西方功能化有区别。

图4-44 一片绿色的叶子与一只鸟的同构关系，可以提醒人们关注自然。

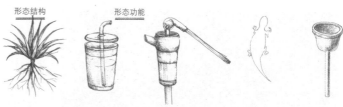

形态结构　　　　　形态功能

图4-45 由形态结构草吸水的原理,制成吸管式杯子和压水井,使水被吸上来,供人使用。

图4-46　轴承滚珠　　　　　　　　圆珠笔尖　　　　　　　骨骼关节
　　　　　轴承的滚珠利用了圆球　圆珠笔利用圆珠灵活滚动　关节也是镶嵌在一个半
　　　　　无棱角,滚动灵活的特　的特点。珠子在滚动时带　圆形凹坑中的近似球
　　　　　点,旋转快速。由此联　出笔油,书写光滑流利。　体,它在凹中可以灵活
　　　　　想到圆珠笔头的珠子。　由此我想到关节。　　　地向各个方向转折。

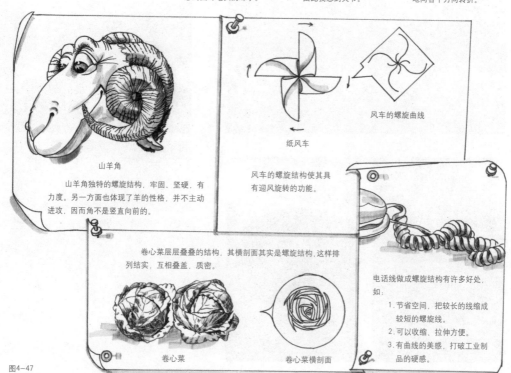

山羊角

　　山羊角独特的螺旋结构,牢固、坚硬,有
力度。另一方面也体现了羊的性格,并不主动
进攻,因而角不是竖直向前的。

风车的螺旋曲线

纸风车

　　风车的螺旋结构使其具
有迎风旋转的功能。

　　卷心菜层层叠叠的结构,其横剖面其实是螺旋结构,这样排
　　列结实,互相叠盖,质密。

卷心菜　　　　　　卷心菜横剖面

　　电话线做成螺旋结构有许多好处,
如:

　　1.节省空间,把较长的线缩成
　　　较短的螺旋线。
　　2.可以收缩、拉伸方便。
　　3.有曲线的美感,打破工业制
　　　品的硬感。

图4-47

动物以色彩的伪装功能来达到保护自己的目的。人类战争使用的迷彩服就是采用动物伪装的功能进行设计的。迷彩服的颜色，美国攻打伊拉克时的迷彩服是褐色的，因为现在的两河流域是以沙漠为主，呈现为褐色。越战时的颜色是绿色的，因为越南地貌以丛林为主，呈现为绿色（图4-48～4-50）。

图4-48

图4-49　海湾地貌与海湾战争军服

图4-50　越南地貌与越战军服

功能转化最佳的手段应该是互利、互惠的，动用最小的力气，花最小的代价，实现事物的形态转化。例如：澳洲的牧业发展导致牛羊的粪便大量增加，逐渐将草原覆盖，解决的方法就是把屎壳郎引入，使生态变得平衡，借助自然的循环结构解决问题，把自然的功能人为地转化，变成为人服务。中医也是一样的道理，调动人自身的免疫系统使人恢复健康（图4-51）。

图4-51

第四节　形态转化流程

形态之间是一个相生相克的转化链，保证形态的共同存在（图4-52~62）。自然当中的生

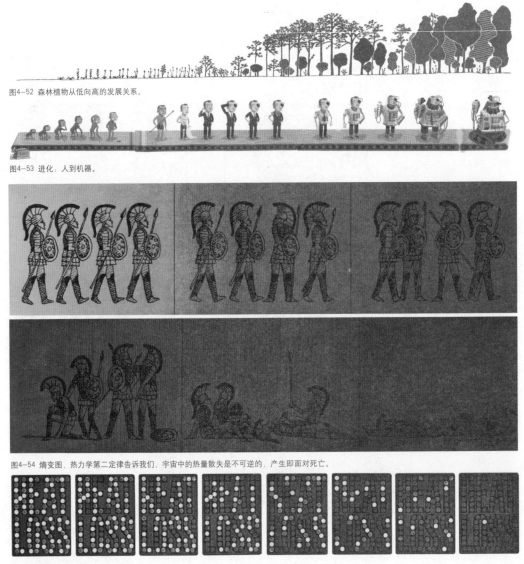

图4-52　森林植物从低向高的发展关系。

图4-53　进化：人到机器。

图4-54　熵变图，热力学第二定律告诉我们，宇宙中的热量散失是不可逆的，产生即面对死亡。

图4-55　指示牌上信号灯的逐渐熄灭，说明电力从水电站送到远方城市的过程中是如何因热损耗而被削弱的。

图4-56　图为能的转化形式，物质以不同的形态展现，一种能量的转化为另一种能量的产生。生生不息，能量不灭，充分体现了形态的性质。人和猪的肉是一样的，但灵魂不一样。

能 的 相 互 转 换

机械能

热能

电能

化学能

辐射能

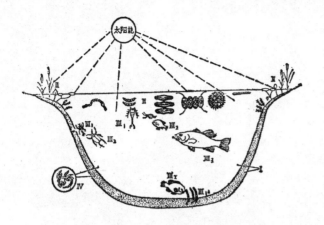

物链就是一个流程，它保证物与物之间的互相存在，一旦生物链的流程遭到破坏，就会使物与物之间丧失平衡，一个物种的过分强大，将会导致生物链的消失。比如，草原上的狼被打光，羊过度繁殖，草被吃光，沙漠化产生，危害人类的生存等等。

图4-57 池塘的循环。生态是一种循环，当你在寝室内养上一盆花时，一个生态就建立了。

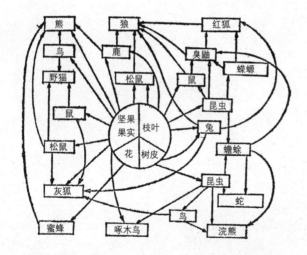

图4-58 生物金字塔下面的生物繁殖能力强，塔尖的高等生物繁殖能力要弱得多，这样自然才能平衡。

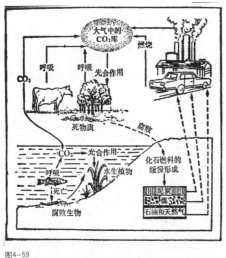

图4-59

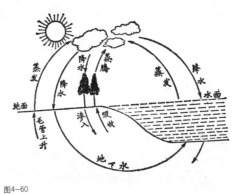

图4-60

图4-61

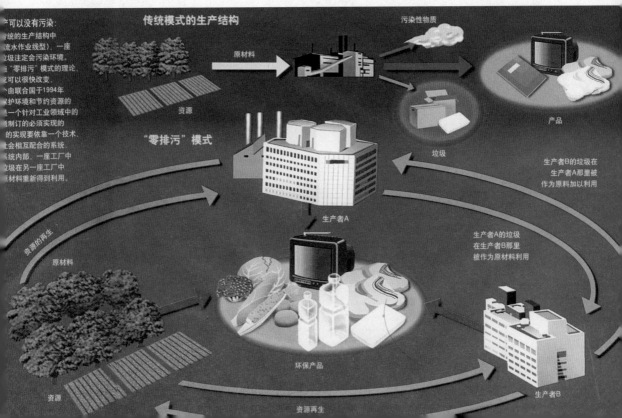

产可以没有污染:
统的生产结构中
流水作业线型),一座
圾注定会污染环境。
"零排污"模式的理论,
可以很快改变。
由联合国于1994年
护环境和节约资源的
一个针对工业领域中的
制订的必须实现的
的实现要依靠一个技术,
会相互配合的系统,
统内部,一座工厂的
圾在另一座工厂中
材料重新得到利用。

传统模式的生产结构

资源

原材料

污染性物质

产品

垃圾

"零排污"模式

生产者B的垃圾在
生产者A那里被
作为原料加以利用

资源的再生

原材料

生产者A的垃圾
在生产者B里里
被作为原料利用

资源

环保产品

生产者B

资源再生

图4-62 达尔文的进化论……

第五章
形态转化方式

第一节　形态感性

现在我们对形态转化的方式做一个整体的研究。形态转化的方式主要来自于形态的感性化，人对事物都有一个感觉，当然动物对事物也有感觉，一些动物会用嗅觉来圈定自己的领地，确定空间关系。感觉是人认知世界的基础，人会对同一件事物产生不同的情绪化反映，从而对事物进行认知。

自然形态的甜酸苦辣和冷热硬软等物理和化学方面的结构和功能属性，可以转化为喜怒哀乐、悲欢离合等生理感觉。自然和人类的所有事物都可转化为精神形态。

感性化具有三个基本手段：对比、比喻、置换。大家在中学语文方面的学习中，早已经学习和使用过这些方法。文字和形象是人的两种基本表达方式，我们在进行艺术设计时，主要进行的是视觉传达，通过图形和色彩来传达信息。我们在用文字表达时也在传达一种创意，所以我们在看散文时会进入文中的境界，读小说时会被感动，同样的，我们在欣赏一段音乐，其实也是在得到信息。对比、比喻、置换这三个手段是事物有效表达的基础。其中"比较"容易掌握一些，通过"比较"非常容易说明问题，我们生活当中经常利用"比较"来鉴定事物的好坏。比喻、象征、拟人在文学作品中是经常使用的。置换要相对复杂一些。

下面是一些案例说明（图5-1）：前几章在讲解中我们以水为例，现在我们还是围绕这一基本形态来进行说明。在自然界中，水是一个最基本的形态，是一个最平和的物质，所以水的变化在生活中用得非常多，在文章中以水作比喻、比较、置换的情况非常多，以下几个例子可以说明。

在《荷塘月色》中，读者能感受到荷塘的安静；读李清照的词能感受到朦胧；李白的诗能感受到波涛汹涌；杜甫能感受到悲怆。通过水的描写能看到每个作者的心思，要表达的情绪。同样在影视作品中，要表达战争来临时，往往有这样的铺垫，开始时画面会很平静，人们过着安静有序的生活，突然画面变得阴暗，大海掀起波涛，灾难来临了，这是通过对比把变化表达出来。平静的湖水和汹涌的大海的形态，大家都有体验。高尔基的《海燕》就描写了汹涌的大海和海燕的搏击，生动地描写了俄国十月革命的状况。以下三个手段是用自然形态进行转化的。左边都是自然形态，右边是经过转化的感性形态。

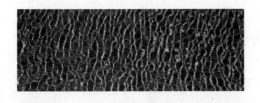

图5-1

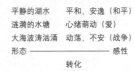

平静的湖水　平和、安逸（和平）
涟漪的水塘　心绪萌动（爱）
大海波涛汹涌　动荡、不安（战争）
形态 —————————— 感性
　　　　　转化

这里总结起来就是以物理、事理、情理来认知一个形态。物理是形态自然、化学、物理等方面的基本属性。一杯水有它基本的物理构成要素，如清澈的、温的。如果变成一杯有感情的水，它就能调动人的情感、情绪，就会增加价值。比如变成你在他乡手里拿着一杯家乡的水，或变成可口可乐或酒吧里的一杯水。这里一杯水在不同的情景下发生了价值的转化，原因是水不单单是物理的，还可以注入事理、情理。这样一个转化，创意就出现了。

第二节　形态感性化手段

一、形态比较

比较也就是对比，人类一直在用比较区分事物，比较是人类认知事物的一种基本方法，20世纪之前人类一直在寻求对比，20世纪现代主义就是一个对比阶段，有资产阶级和无产阶级两大意识形态的对立，有好与坏、善与恶的区分，20世纪末走向后现代社会，对比减少了，中性时代开始了。英雄时代是对比的典型，男女、强弱、大小、多少、高低都是二元对立的两个基本要素，对比也是基本的设计方法。

无论用什么手段，形状、色彩、材质是基本要素。在比较、比喻、置换当中，形态的转化是以形态和功能的相似性为基础来进行的，如果没有相似性，两个形态就无法比较。

图5-2和图5-3中树的结构都是一样的，但中间图片上树的高矮、大小无法判断，左右两边图上有人的形象，由此可以判断一边是参天大树，一边是小树。中间的树是不能准确传达信息的，它是基本事物，通过比较才能传达出信息，创意才能产生，中间的是

图5-2

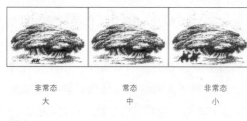

| 非常态 | 常态 | 非常态 |
| 大 | 中 | 小 |

图5-3

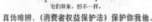

图5-4 "它们很像却不一样"，利用文字语言把意义传达出来，说明一些假冒伪劣产品对人们的欺骗，真假从形态上初看是一样的，但是细节是能看出差别的。左边是蜜蜂，右边是苍蝇，两者结构相似都属于昆虫类，但对人的功能来说却有很大的不同。把两者放在一起比较是因为有很大事物相似又有很大事物不同，这样的比较就会有意义。

图5-5

"素材"，是没有加工的，是中性的。

我们常说"情人眼里出西施"，就是一个事物在不同人眼中是不一样的，事物是处于不同的关系当中的，在与环境的关系当中才能判断出价值，这个例子中，中间的是中性的，向左向右则进入到了关系当中，人改变了树。所以，创意是一种关系，事物本身没有好坏而是

图5-6

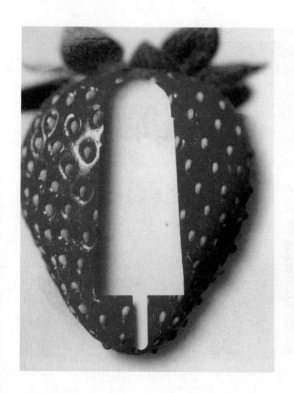

图5-7 气球与包裹地球的大气的结构相似，都是球形的，中间包裹着气体，气球和花放在一起模拟了大气与生物的结构关系，两个气球进行对比，就把大气污染的恶果用视觉语言明确地说清楚了。

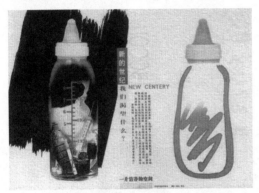

图5-8 右边的瓶子形态用绿色的水墨勾勒出来，代表了理想、清新的环境，中国水墨有清新通透的特点。左边的瓶子里装有武器、毒品等有害的物品，色彩以黑色为主。两者进行比较提醒人们怎样面对一个新的世纪。

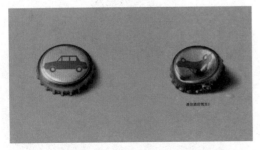

图5-9 酒后开车有安全隐患，开启后的瓶盖隐喻了翻车的结果。

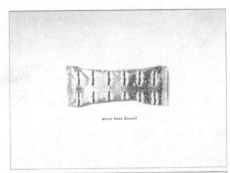

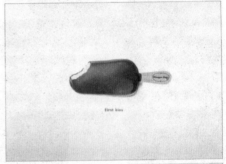

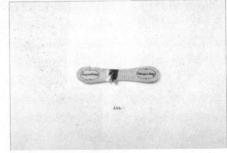

图5-10

We know how to fight clean.　We know how to fight dirty.

图5-11 这是一个典型的结构不同、功能相同的例子。洗衣粉与汽车的雨刮器结构不同，但有清洁的作用，汽车玻璃如果不干净很容易发生事故，两者对比，由此传达洗衣粉能给我们带来安全健康。

图5-12 通过火、轮子和吉普车的比较说明，拥有吉普车就像人类拥有火和轮子一样重要。

在于你如何搭配一种关系，不同的关系导致一个事物的升值或贬值，比较是建立关系的方法之一。

两边是非常态，中间是常态。我们在夸奖事物时为什么经常说"非常好"，非常就是与平常不一样，是经过变形、转化的。"非常好"就是说变形好，转化好。艺术设计就是希望事物不在物理状态，而是在事态状态、在情态状态。物理状态是一个自然形态，当事物进入事态情态时就是人类社会所使用的形态。

我们在做设计时，首先要找到并利用形态结构和功能的相似性，相似性是形态间进行转化的通道，是桥梁，如果没有认知到形态间的这一桥梁，就无法转换，也就无法传达信息，也就无法让人理解，也就是说设计是失败的。有的设计让人无法了解，原因就在于此。

图5-13 天空昏暗，暴风雨即将来临，这时一棵小树要有一棵大树来支持，比喻支持的力量。

图5-14《一拉就灵》治疗便秘的药，孕妇服代表孕妇，孕妇的生产与便秘有同构的关系，以此比喻药的灵妙。

二、形态比喻

形态比喻包括有拟人、象征、联想三种方法。联想公司的广告语说的好，"人类失去联想，世界将会怎样"，说明人类失去想象力，我们的生活将毫无意义。联想是一种不真实，往往不真实才导致有趣，有感觉。如果这世界全是真实的，世界将会呆板、烦躁、一片死寂。

比喻在生活中使用得比较多，他给予我们理想和期待。设计靠比喻和象征来实现时，会导致一种美好的生活，好的创意都是这样。如果阿迪达斯只卖几十块钱的成本价，品牌将失去意义。大的品牌往往是靠使用比喻等手段，把自己产品价格提升到很高并被接受，他们就是在低成本的原材料中注入了联想，导致产品的附加值。

比喻在文学、戏剧、舞蹈、音乐、诗歌中经常运用，以形态为代价。利用"约定俗成"的范式进行识别。例如：

柳树：比喻为少女。

松树：比喻为坚强（不老松）。

鸽子：比喻为和平。

橄榄：比喻为和平。

走狗：比喻为仆人。

步后尘：跟随别人。

其中每一个对应都有来源，例如"走狗"一词其来源是比较简单的，狗喜欢跟随主人，仆人的工作也是跟随在主人身旁，两者在功能上有相似性。这些约定俗成的关系我们要利用好。

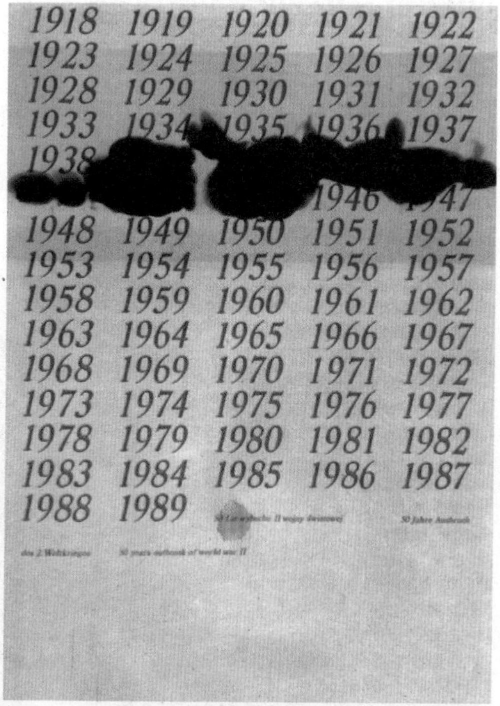

图5-15 时间表中被污染的时间正好是"二战"的时间，让人们不要忘记那次战争给人类带来的痛苦。

《俄耳甫斯和欧律狄克》为德国威斯巴登音乐黑森州立剧院设计的戏剧招贴 1998
Orpheus & Eurydike 1998

图5-16 直线、曲线与网格线三种线分头组织了不同的语意。

《女主席》为德国威斯巴登音乐黑森州立剧院设计的戏剧招贴 1998
Die Präsidentinnen 1998

《进达逃夫住在帕萨里那》为德国威斯巴登音乐黑森州立剧院设计的戏剧招贴 1998
Bobby Fischer wohnt in Pasadena 1998

图5-17 显示屏由平面代替球面是使用趋势，平面的比球面的要贵一些，这一广告创意借助刨子的功能，在刨平球面的同时又能把刨下的部分转化成为消费者节省下来的钱。

图5-19 用了三种动物来说明汽车的特点。袋鼠比喻车能为人提供舒服安全的空间；骆驼有惊人的耐力，尤其在环境恶劣的条件下；牛是力量的象征。车集三种特点于一身。

图5-18 车上的吻

图5-20 鸟儿飞来喝汽车尾气的水，比喻洁净，没有污染。

图5-21 烤焦的面包，说明非洲缺少粮食

图5-22

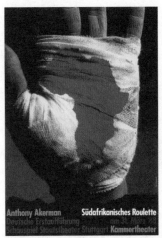

图5-23 受伤的手流出的血迹与非洲地图的形状吻合，两个图形有相似性，血迹说明非洲还处于苦难当中，提醒人们关注非洲。

图5-24 辣椒油的广告。我们经常形容辣的最高程度为"火辣"，很辣时人的感觉就像着了火一样，火与辣在人的感觉上有相似性。接触过辣椒的筷子就像被火烧过一样，既夸张，又合理地把辣椒特点传达出来。有时我们看到一些夸张是没有道理的，如果你做了一个鬼脸而没有让人笑，原因就是你的夸张没有道理，为什么大家能接受赵本山的小品，欣赏时不约而同地笑了，就是因为他的表演夸张有道理，能反映当代人们生活中一些关注的话题。

图5-26、5-27 广州印象
　广州有丰富的饮食文化，使用后的牙签要习惯性的折断表示用过，折断的形态与我们判断对错的"√"号相似。表达了客人吃的满意，选择的正确。广州是我们国家发展比较快速的一个地区，日新月异，总有让人心跳加速的事情出现。跳棋形象地把这一特征表现出来。跳棋也象征了广州人忙碌快速的生活节奏。大家可以想象一下用什么形态能准确、清楚地表现自己现在生活环境的特点呢？

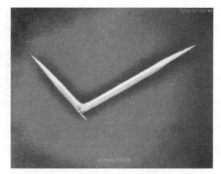
图5-26

图5-27

图5-25 儿童简笔画画的太阳被撕裂，暗示了家长对孩子的暴力，对孩子影响非常大，会破坏他们心中的太阳。

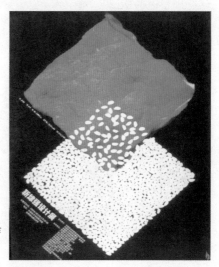

图5-28 东方人喜欢吃植物类的食品，米面和青菜；西方人的习惯是肉食，东西方饮食习惯有差别。这张海报表达了饮食要搭配，强调中间的交集部分，既要吃肉又要吃米，暗示中西方设计文化要搭配。

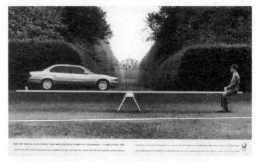

图5-29 人与车组成了平衡木，比喻车的平衡性能。

图5-30-1 饮料被吸干后包装的形态，以此来比喻如果地球的能源被人类"吸干"以后，地球将呈现的形态。

图5-30-2 表达了水少，可喝的人却很多，结果杯里只有吸管而没有了水，同样象征石油和水等地球这个生命体的能源被人类"吸干"后的情形。

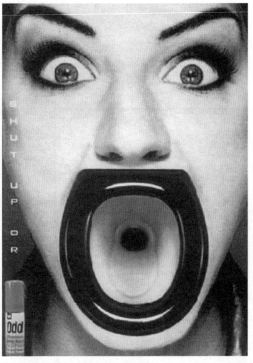

图5-32 夸张的比喻，嘴与马桶的同构性。

图5-31 在脚趾头上画几笔，设计便完成，充满了娱乐化。设计使用现成品，这是当代广告设计的一种方法，不再像以前需要从头到尾的完成，做的辛苦费力。当代的手段是很丰富的，例如图片加手绘，现成品加上人为处理等等来完成。这样的设计完成迅速，信息传达快捷有效，便于理解接受。

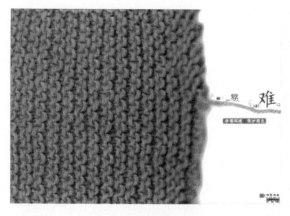

图5-33 大家都知道毛衣拆掉容易可编制起来却很麻烦。设计表达了一片绿地要破坏它很容易，就像露出一个线头的毛衣一样，很快就会被破坏，同样建起一片绿地是要很长时间的。毛衣与绿地的建与拆具有相似性，比喻得很恰当。

图5-34 在比较中大家可以看到同样的形态能表达出不同时代特征，右图是60年代的设计，那时吃是非常愉快的事，人们的物质匮乏。到当代吃有时是可怕的，人能吃到任何想吃的东西，最后会把地球变成像一个吃剩下的苹果瓤一样。以前在形容一家人生活好时说"富得流油"，可现在要是"富得满嘴流油"会被别人看成是吃完饭没擦嘴，素质不高，卫生不好。时代的观念是不一样的，创意传达的信息会发生变化。

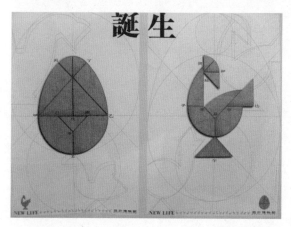

图5-35 使用拼图游戏来解析大家熟悉的"先有鸡还是先有蛋"这个命题，从而说明创意是如何产生的。

图5-37 如果人不各就各位，世界将发生混乱，每个人都做好自己的事情，这是理想化社会每个人的准则，就像晒袜子一样，谁都有自己的位置，如果贴在一起，会互相污染，不宜晒干。

图5-36 航空公司的广告，利用玩具代表世界各地，表达了乘客可以在航空公司的呵护下到达世界各地。

图5-38 把车钥匙齿凹凸的形状比喻成山脉的形状，说明吉普车有能力驶过崇山峻岭，车钥匙也是打开山路险要的钥匙。

图5-39 老虎身上的斑纹被条形码给替代了，在置换中两个形态有相似性，都是竖条状排列的结构，替代后森林之王成了可以交易的商品，提醒我们森林系统正在遭到破坏。

图5-40 悲惨的进化。本来光滑的犀牛皮却长满了花纹，如迷彩服一样，比喻它受到威胁，必须像人类穿迷彩服那样去伪装。

图5-41

三、形态置换

置换是形态之间找到同构的联系，以此进行相互交替，在不改变原有形态的认知基础上，产生了新的形态。"偷梁换柱"、"挂羊头卖狗肉"是我们经常说的词，说的就是置换的意思。"挂羊头卖狗肉"是后现代也是我们当代的一种策略，我们存在一种互相不断被替代和互相借助的社会当中，形态经过置换后，会使原来的形态改变原意，达到增值，花儿乐队也在使用这种方式。

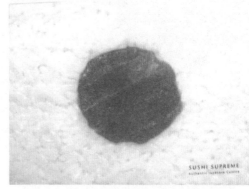

图5-42 以日本的食品形象，置换了日本的国旗，强调了日本的形象。

图5-43 借助人们都熟悉的照片和事件,通过修改来帮助产品的宣传。酒的味道是那样的迷人。

图5-44 圣母圣子被戴上了防毒面具,面具代表邪恶,在这里把善和恶放在一起,圣母圣子有了双重面孔。

图5-45 美国总统山被置入卢舍那大佛的形象。

图5-46 由不同指纹组成的2000数字,比喻21世纪的不同种族的协同关系。

图5-47 哥伦布发现新大陆的画被新的照片置换,新的照片保留了原画的形态特征,以此来说明这家企业有新的美好前途。

图5-48 胶囊被新生儿置换，说明要像保护新生儿一样保护新产品。

图5-49 文字的置换。其背景是把人生比喻成一场旅行，经历的每一件事就是旅途上的一站，每一站都有不同，今天遇上了暴风雨，明天可能会是阳光明媚。

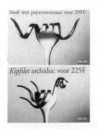

图5-50 刀叉变成羊，鸡的形态。当代设计中趣味化才能吸引人，只有教化是不能吸引人的，要加入娱乐性，教师讲课也一样，呆板的教学方式已不能被学生接受，教学中的丰富性、娱乐性是很重要的。

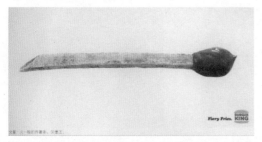

图5-51 薯条的一头蘸上果酱，正好构成一根火柴的形态，火柴有点火的功能，薯条是快餐食品，以此来比喻这种快餐非常的火，具有点燃性。

图5-52 把红卫兵置换成"绿卫兵"，说明保卫生态环境的当代愿望。

图5-53

图5-54 2000数字的三个"0"被置换，期待中国的统一。

图5-55 车的形态被置换成别针的形态，说明保护功能。

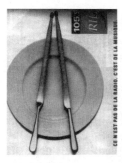

图5-56 刀叉与鼓槌的"嫁接"，表达了吃是一种娱乐。人们在麦当劳中的消费不仅仅是吃东西，更多的是感受其中的环境和娱乐氛围。

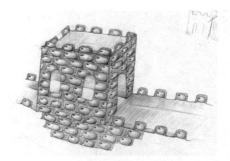

图5-57 细胞——砖——长城；个体——集体。

图5-58 反战的雕塑，把武器变成麻花形，变成有娱乐性。直线变成了曲线，削去了直线的进攻性，枪炮变成了玫瑰。

图5-59 双向的阐释，既是枪管又是烟头，吸烟等于自杀。

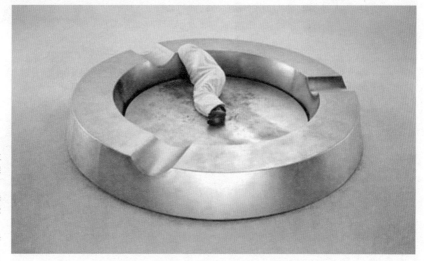

图5-60 一个真实的烟灰缸，里边放着一个烟屁股，但当你仔细观看时，就会发现，烟屁股被置换成了死尸。这样，烟屁股与死尸的同构关系一目了然。此作品是"偷梁换柱"的最佳体现。

图5-61 时钟能表示时间，蜡烛的燃烧也能表达时间，两者在功能上有相似性，在这里蜡烛置换了时钟的材料，更加形象地表现了时间的流逝，提醒人们珍惜时间。

图5-62

图5-63 牛仔裤的系列广告说明了：1.裤子的材料非常结实，2.裤子的色彩富于变化，3.像蜘蛛网一样结实，4.裤子的加工工艺使裤子很结实。

图5-64 砍掉了森林也就砍掉了森林中动物的头。

图5-65 牛仔布的各种功能诉求被三种自然形态表达出来。

图5-66 电源插头被楼置换，伸向天空，寻求能量的来源。

图5-67 铁轨被拉链置换，是因为它们在形态上有同构之处。

图5-68 楼房被置换成电源插座，说明电能的缺乏。

图5-69 电池和灯是有相关性的，灯需要能量，电池是能量的来源，所以电池与灯塔的形态可以置换。之所以说是"偷梁换柱"而不是"偷梁换猪"，因为梁与柱的形态相似，互换以后不太容易被发现，这样才能伪装过关。　　　　图5-70

图5-71 杜明铭作品《尊重》，人物的头部被遮蔽，表明人与人之间的关系不要太针锋相对。

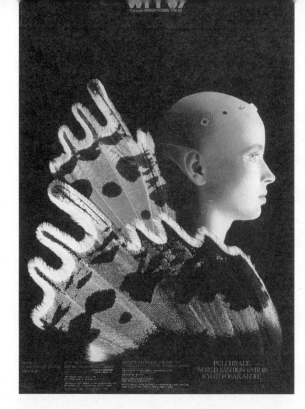

图5-72

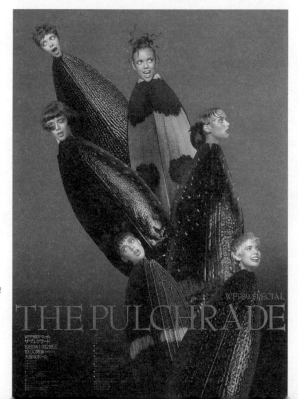

形态置换的意义不仅仅使原来形态的意义发生变化，更重要的是它可以节省资源，避免浪费，它带来的不仅仅是利益的提升，它是人文关怀及未来可能性的基础。由此而引发了绿色设计、生态设计、非物质化设计及当代的"再设计"的做法（图5-73～5-75）。

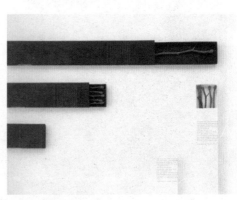

图5-73 我们平常使用的卫生纸中心是圆的形态，便于使用时的方便，一拉就开。设计者将圆形态置换成方形态，避免了快速拉开纸的速度，这一从圆形态向方形态的变化导致人类社会节俭、克制的人文意识。

图5-74 茶包的提线置换成玩偶的形态，把饮茶加上了玩的乐趣。

图5-75 《火柴》。

本课程到这里就结束了，通过对形态的理解、分类、分析、转化，形态结构与功能的重要性被再次提出。历史上的结构主义及功能主义时代在新的语境中成为中国当代艺术设计的基础，当然结构和功能不再仅仅是那时的意义，它会通过和中国当代语境相结合，走过中国制造阶段，产生中国创造，希望本教程为此提供艺术设计学科的一个基础平台。就像小小的火柴，点燃每个创意的心灵。

后记

　　"艺术设计学科基础教育"由任戬教授于1988年在武汉大学建筑系开始研究，并于2000年在大连工业大学艺术设计学院实施至今。经过二十多年的理论积淀和八年的教学实践及祝锡琨、杨滟君、薛刚等老师的参与，逐渐形成了艺术设计学科基础体系。《艺术设计学科基础教程》在理论上从形态的本质属性出发，一方面将事物还原，追溯它最基本的结构；另一方面将一个整体分解成形态认知、形态构成、形态语意、形态表达、形态创意等若干个单项和分系统来加以研究与实施。在教学实践中，课程的每一部分都是环环相扣、互补互生的，它们共同构成一个形态生态系统。

　　自"艺术设计学科基础教育"实施以来，一直受到学校和院领导的支持与关注。多位承担艺术设计学科基础教学主讲教师为学科基础课程的建设付出了很大的努力，在此对这些领导与教师表示感谢！同时也感谢为我们提供理论依据、图片等各种资源的参考书目作者与发行单位，感谢历届学生提供优秀的设计作品。感谢一直支持此项事业的王素娟女士。

　　经过多年的努力，这套书终于脱稿，如同孕育已久的生命终于诞生，我们的艰辛总算有了结果。然而因学识有限，书中疏漏之处在所难免，敬请各位专家、读者指正！

艺术设计学科基础教程编委会

2008年6月